**Manual de Luminotecnia**  *Ing. Miguel D'Addario*

**Manual de Luminotecnia**  *Ing. Miguel D'Addario*

INFO ABOUT RIGHTS

**Manual de Luminotecnia**  *Ing. Miguel D'Addario*

ISBN-13: 978-1544940922

ISBN-10: 1544940920

**Manual de Luminotecnia**  *Ing. Miguel D'Addario*

# Manual de Luminotecnia

Fundamentos, cálculos y aplicaciones

## Ingeniería eléctrica

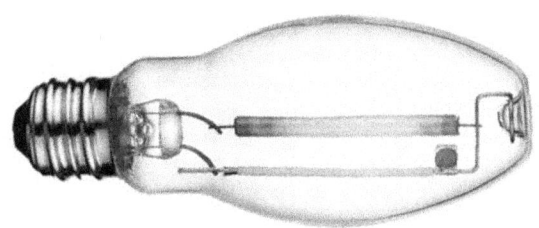

Ing. Miguel D'Addario

Primera edición
2017
CE

# Manual de Luminotecnia  *Ing. Miguel D'Addario*

## Índice

**Autor** / 15

**Introducción** / 17

**Luz** / 22
*Velocidad finita. Flujo Luminoso* / **23**
*Rendimiento luminoso (Eficacia luminosa)* / **24**
*Intensidad luminosa. Nivel de Iluminación (Iluminancia)* / **26**
*Iluminancia promedio (Emed)* / **27**
*Luminancia. Temperatura de color (Tc)* / **28**
*Refracción. Propagación y difracción* / **33**
*Interferencia. Reflexión y dispersión* / **36**
*Polarización. Naturaleza de la luz* / **38**
*Teoría ondulatoria* / **39**

**Leyes y principios fundamentales** / 42
*Iluminación en un punto* / **44**
*Iluminación normal* / **45**
*Iluminación horizontal*
*Iluminación vertical* / **46**

**Fuentes luminosas** / 47
*Lámparas incandescentes* / **48**
*Lámparas incandescentes halógenas* / **49**
*Lámparas fluorescentes* / **50**
*Lámparas fluorescentes compactas (CFL)* / **52**
*Lámparas de vapor de mercurio a alta presión* / **53**
*Lámparas de halogenuros metálicos* / **54**
*Lámparas de vapor de sodio de baja presión* / **56**
*Lámparas de vapor de sodio de alta presión* / **57**
*Lámparas de luz mixta* / **58**

**Luminarias** / 60
*Clasificación de las luminarias según su cualidad* / **61**
*Sistemas ópticos utilizados*
*Elementos refractores. Elementos difusores* / **62**
*Dispositivos de apantallamiento* / **63**
*Mecánica y eléctrica. Estética*
*Clasificación de las luminarias según grado de protección* / **64**

**Manual de Luminotecnia**  *Ing. Miguel D'Addario*

*Clasificación de las luminarias según su aplicación* / **65**
*Iluminación de interiores. Iluminación de exteriores* / **66**
*Luminarias para instalaciones de iluminación interior*
*Clasificación de distribución luminosa según la CIE* / **67**
*Clasificación según su fotometría* / **68**
*Clasificación según su simetría* / **69**
*Luminarias para instalaciones de iluminación por proyección (exterior)* / **70**
*Clasificación de luminarias según los factores de eficiencia* / **73**
*Rendimiento luminoso de una luminaria (η)* / **74**
*Factor de utilización (fu)*
*Factor de mantenimiento (fm)* / **75**
*-Depreciación del flujo de la lámpara (FDF)* / **76**
*-Depreciación por suciedad sobre superficies del local (FDR)* / **77**

**Procedimientos para el diseño de iluminación** / **79**
*Análisis del Proyecto. Planificación Básica* / **82**
*Planificación básica empleada en iluminación de interiores* / **83**
*Datos de entrada. Elección del sistema de alumbrado* / **84**
*Alumbrado general. Alumbrado localizado* / **86**
*Alumbrado general y localizado* / **87**
*Elección de las fuentes luminosas* / **88**
*Planificación básica empleada en iluminación deportiva (exteriores)* / **91**
*Datos de entrada en iluminación de exteriores para espacios deportivos*
*Elección del sistema de alumbrado en iluminación deportiva (exterior)* / **93**
*Elección de las fuentes luminosas para áreas deportivas* / **95**
*Diseño Detallado. Selección preliminar de la luminaria* / **96**
*Establecer el tipo y altura de montaje de las luminarias* / **98**
*Tipo y altura de montaje para iluminación de interiores*
*Tipo y altura de montaje para iluminación deportiva* / **100**
*Selección preliminar del equipo (lámpara-luminaria)* / **102**
*Métodos de cálculo* / **104**
*Método de lúmenes p/ proyectos iluminación de interiores* / **106**
*Método de lúmenes para iluminación de exteriores empleando proyectores (Método del lumen del haz)* / **110**
*Distribución y espaciamiento del sistema de montaje* / **117**
*Sistema y diseño de montaje de luminarias para iluminación de interiores. Sistema y diseño de montaje de luminarias para iluminación deportiva. Evaluación posterior* / **118**

**Manual de Luminotecnia**  *Ing. Miguel D'Addario*

*Evaluación de los parámetros de calidad (iluminancia, uniformidad y coeficiente de variación) / 126*
*Ajuste de los parámetros de calidad para iluminación de interiores. Ajuste de los parámetros de calidad para iluminación deportiva (exteriores). Evaluación de densidad de potencia / 127*
*Selección definitiva del equipo y su distribución / 131*

**Proyectos y diseños de iluminación** / 132
*Iluminación de una sección del galpón de almacenamiento*
*Análisis del proyecto. Planificación básica*
*Datos de entrada. Elección del sistema de alumbrado / 133*
*Elección preliminar de las fuentes luminosas / 135*
*Diseño detallado. Selección preliminar de la luminaria / 136*
*Establecer la altura de montaje / 138*
*Selección preliminar del equipo (lámpara-luminaria) / 139*
*Cálculo de número de luminarias / 140*
*Distribución del sistema de montaje. Puntos de medición / 143*
*Evaluación posterior. Evaluación de los parámetros de calidad.*
*Evaluación de la densidad de potencia / 144*
*Iluminación de una cancha "tipo" de fútbol de 4 y 6 postes / 147*
*Análisis del proyecto. Planificación básica*
*Datos de entrada. Elección del sistema de alumbrado / 148*
*Elección preliminar de las fuentes luminosas / 149*
*Diseño detallado. Selección preliminar de las luminarias / 150*
*Establecer la altura de montaje. Selección preliminar del equipo (lámpara-luminaria) / 150*
*A continuación se describe el procedimiento de cómo elegir el NEMA apropiado / 152*
*Cálculo de número de proyectores / 153*
*Sistema y diseño de montaje de las luminarias / 155*
*Puntos de medición. Evaluación posterior / 156*
*Evaluación de la densidad de potencia y costos del proyecto.*
*Evaluación del proyecto / 158*
*Iluminación de una cancha "tipo" de béisbol de 6 y 8 postes.*
*Análisis del proyecto. Planificación básica / 159*
*Datos de entrada. Elección del sistema de alumbrado / 160*
*Elección preliminar de las fuentes luminosas / 161*
*Diseño detallado. Selección preliminar de las luminarias*
*Establecer la altura de montaje / 162*
*Selección preliminar del equipo (lámpara-luminaria)*
*Cálculo de número de proyectores / 163*
*Sistema y diseño de montaje de las luminarias / 166*
*Puntos de medición. Evaluación posterior / 167*

# Manual de Luminotecnia  *Ing. Miguel D'Addario*

*Evaluación del proyecto. Culminaciones* / **169**
*Cálculo de número de proyectores en el proyecto* / **173**
*Según el método práctico* / **175**
*Cálculo de número de proyectores para campo de béisbol* / **178**
*Según el método práctico* / **182**
*Diseño detallado y evaluación posterior según el método práctico. Para iluminación de interiores* / **187**
*Para iluminación deportiva (exterior)* / **188**

**Aplicación de operaciones según el método práctico** / **192**
*1) iluminación del galpón*
*2) iluminación una cancha "tipo" de fútbol de 4 y 6 postes* / **195**
*3) iluminación de cancha "tipo" de béisbol de 6 y 8 postes* / **199**

**Diagramas de flujo de procedimientos descritos** / *203*
*Datos de entrada para iluminación de interiores* / **205**
*Datos de entrada para iluminación de exteriores* / **206**
*Sistema de alumbrado para iluminación de interiores* / **207**
*Sistema de alumbrado para iluminación de exteriores* / **208**
*Elección de las fuentes luminosas* / **209**
*Selección preliminar de la luminaria* / **211**
*Tipo y altura de montaje luminarias x tipo iluminación* / **212**
*Equipo de acuerdo a especificaciones establecidas* / **213**
*Número de luminarias por tipo de iluminación* / **214**
*Factor de mantenimiento p/ iluminación de interiores* / **215**
*Factor de mantenimiento p/ iluminación de exteriores* / **216**
*Coeficiente de utilización del haz (CBU)* / **217**
*Sistema de montaje de luminarias tipo de iluminación* / **218**
*Parámetros de calidad para iluminación de interiores* / **220**
*Parámetros de calidad para iluminación de exteriores* / **221**
*Diagrama de deslumbramiento (sollner) para instalaciones de alumbrado en interiores* / **222**
*Diagramas de deslumbramiento para aquellas direcciones de visión* / **225**

**Tablas, planos y gráficos** / *227*
*Categorías y valores de iluminación para tipos genéricos de actividades en interiores*
*Valores de iluminación nominal recomendable para Interiores en general* / **228**
*Poder reflectante de algunos colores y materiales* / **229**
*Aplicaciones principales para cada tipo de lámpara* / **230**
*Aplicaciones principales para cada tipo de lámpara* / **231**

**Manual de Luminotecnia**   *Ing. Miguel D'Addario*

*Clasificación según la apertura del haz*
*Clasificación del proyector según la distancia de proyección I* **232**
*Puntos de medición para campos de béisbol y fútbol I* **233**
*Colocación de postes debido al efecto de deslumbramiento I* **234**

**Planos de los proyectos realizados** */ 236*
*Galpón. Campos deportivos (medidas oficiales) I* **237**
*Identificación de las sub-áreas y los postes para cada aplicación*
*Campo de fútbol. Campo de béisbol I* **238**
*Distribución lumínica (lm) para POWR-SPOT (4X4) I* **242**
*Distribución lumínica (lm) para ULTRA-SPORT (SO2 4X2) I* **243**
*Tabla y gráfica de valores de los coeficientes de utilización del haz preliminares (CBU\*). P/ luminaria POWR-SPOT (4X4) I* **244**
*Grafica de los coeficientes de utilización preliminares por el eje vertical, para la POWR-SPOT (4X4) I* **245**
*Para la luminaria ULTRA-SPORT (SO2 4X2) I* **246**
*Grafica de los coeficientes de utilización preliminares por el eje vertical, para la ULTRA-SPORT (SO2 4X2) I* **247**

**Símbolos y abreviaturas** */ 248*

**Bibliografía** */ 250*

**Manual de Luminotecnia**  *Ing. Miguel D'Addario*

## Autor

Ingeniero industrial (UNC), Técnico superior en equipos industriales, mantenimiento y gestión. E instructor de AutoCAD, 3D y modelado. Ha publicado una centena de libros, en su mayoría técnicos educativos para todos los niveles.

Sus libros están distribuidos en los cinco Continentes, son de consulta asidua en Bibliotecas del mundo, y se encuentran inscritos en los catálogos, ISBNs y bases bibliográficas Internacionales.

Son traducidos a múltiples idiomas y pueden encontrarse en los bookstores internacionales, tanto en formato papel como en versión electrónica.

Otras obras técnicas del Autor:

migueldaddariobooks.blogspot.com.es/2012/05/libros-tecnicos-educativos-fp.html

## Introducción

Desde tiempos inmemoriales, el hombre ha sido siempre preocupación de sus casas proporcionar instalaciones adecuadas para hacer frente a la falta de luz natural. La primera característica es, por supuesto, el fuego, que produce el calor y la luz, producido por la quema de madera, el carbón y otros. Las lámparas antiguas fueron fabricadas en cerámica o metal, tenían un mango y una mecha en el otro extremo y un poco de aceite utilizado como combustible.

Con la llegada del petróleo, el gas comenzó a ser utilizado en la iluminación. En Brasil, en 1851, Irineu Evangelista de Souza, el Barón de Mauá, se inició la iluminación de la famosa calle de gas a través de una linterna. El primero en utilizar las lámparas eléctricas son las lámparas de arco.

A finales del siglo XIX por Thomas Alva Edison, fueron las primeras lámparas eléctricas incandescentes, que en la práctica son la mayoría

**Manual de Luminotecnia**  *Ing. Miguel D'Addario*

para producir luz, comenzó a ser utilizado en gran escala.

La luminotecnia es la técnica que estudia las distintas formas de producción de la luz, así como su control y aplicación. Sus principales magnitudes son:

Flujo luminoso: Es la magnitud que mide la potencia o caudal de energía de la radiación luminosa y se define como la potencia emitida en forma de radiación luminosa a la que el ojo humano es sensible, se mide en Lumen (Lm). El flujo luminoso $\Phi$ es un índice representativo de la potencia luminosa de una fuente de luz. $\Phi$ = lumen (lm).

Eficacia luminosa: La eficacia luminosa describe el rendimiento de una lámpara. Se expresa mediante la relación del flujo luminoso entregado, en lumen y la potencia consumida, en vatios. El valor teórico máximo alcanzable con una conversión total de la energía a 555 nm sería 683 lm/W. Las eficacias luminosas realmente alcanzables varían en función del manantial de luz, pero quedan siempre por debajo de este valor ideal.

Intensidad luminosa: La intensidad luminosa de una fuente de luz en una dirección dada, es la relación que existe entre el flujo luminoso contenido en un ángulo sólido cualquiera, cuyo eje coincida con la dirección considerada y el valor de dicho ángulo sólido expresado en estereorradianes. Su unidad es la candela (cd).

Iluminancia: La iluminancia es un índice representativo de la densidad del flujo luminoso sobre una superficie. Se define como la relación entre el flujo luminoso que incide sobre una superficie y el tamaño de esta superficie. A su vez la iluminancia no se encuentra vinculada a una superficie real, puede ser determinada en cualquier lugar del espacio. La iluminancia se puede deducir de la intensidad luminosa. Al mismo tiempo disminuye la iluminancia con el cuadrado de la distancia de la fuente de luz (ley de la inversa del cuadrado de la distancia). Su unidad es el lux.

Luminancia: Mientras que la iluminancia nos describe la potencia luminosa que incide en una superficie, vemos que la luminancia nos describe la luz que procede de esa misma superficie. A su vez dicha luz puede ser procedente de la superficie misma (p.ej. en el caso de la luminancia de lámparas y luminarias). También vemos que la luminancia se encuentra definida como la relación entre la intensidad luminosa y la superficie proyectada sobre el plano perpendicularmente a la dirección de irradiación. Pero es posible que la luz sea reflejada o transmitida por la superficie. En el caso de materiales que reflejan en forma dispersa (mateados) y que transmiten en forma dispersa (turbios), es posible averiguar la luminancia a base de la iluminancia y el grado de reflexión (reflectancia) o transmisión (transmitancia). La luminosidad está en relación con la luminancia; no obstante, la impresión verdadera de luminosidad está bajo la influencia del estado de adaptación del ojo, del contraste circundante y del contenido de información de la superficie a la vista. La luminancia L de una superficie luminiscente resulta de la relación entre la intensidad luminosa I y su superficie proyectada Ap.

$$L = I / Ap$$
$$[L] = cd / qm$$

Curvas fotométricas: La distribución de las intensidades luminosas emitidas por una lámpara tipo estándar, la mostraríamos de una forma general, para un flujo luminoso de 1000 lúmenes. El volumen determinado por los vectores que representan las intensidades luminosas en todas las direcciones, resulta ser simétrico con respecto al eje Y-Y'; es como una figura de revolución engendrada por la curva fotométrica que gira alrededor del eje Y-Y'.

Ley inversa de cuadrados: Se ha comprobado que las iluminancias producidas por las fuentes luminosas disminuyen inversamente con el cuadrado de la distancia desde el plano a iluminar a la fuente.

Esta ley se cumple cuando se trata de una fuente puntual de superficies perpendiculares a la dirección del flujo luminoso y cuando la distancia de la luminaria es cinco veces mayor a la dimensión de la luminaria.

Ley del coseno: Cuando la superficie no es perpendicular a la dirección de los rayos luminosos, la ecuación del nivel de iluminación hay que multiplicarla por el coseno del ángulo o que forman con la normal a la superficie con la dirección de los rayos luminosos.

## Luz

La luz es una forma de energía al igual que las ondas de radio, los rayos X o los rayos gammas. La luz artificial tiene como objetivo proporcionar una iluminación adecuada en aquellos lugares al aire libre o cubiertos donde se desarrollan actividades de todo tipo. Por lo tanto, es de gran importancia el buen manejo y el estudio de los conceptos fundamentales de la luminotecnia.

Se llama luz (del latín lux, lucis) a la parte de la radiación electromagnética que puede ser percibida por el ojo humano. En física, el término luz se usa en un sentido más amplio e incluye todo el campo de la radiación conocido como espectro electromagnético, mientras que la expresión luz visible señala específicamente la radiación en el espectro visible. La luz, como todas las radiaciones electromagnéticas, está formada por partículas elementales desprovistas de masa denominadas fotones, cuyas propiedades de acuerdo con la dualidad onda partícula explican las características de su comportamiento físico. Se trata de una onda esférica.

La óptica es la rama de la física que estudia el comportamiento de la luz, sus características y sus manifestaciones.

La luz es la energía radiante que produce una sensación visual. Según su capacidad y ciertas propiedades. La luz visible está ubicada en el espectro luminoso entre las radiaciones ultravioleta e infrarroja, comprendida entre los límites de longitud de onda entre 380nm y 760nm. La primera corresponde al color violeta y la segunda al color rojo.

*Velocidad finita*

Se ha demostrado teórica y experimentalmente que la luz tiene una velocidad finita. La primera medición con éxito fue hecha por el astrónomo danés Ole Roemer en 1676 y desde entonces numerosos experimentos han mejorado la precisión con la que se conoce el dato. Actualmente el valor exacto aceptado para la velocidad de la luz en el vacío es de 299.792.458 m/s. La velocidad de la luz al propagarse a través de la materia es menor que a través del vacío y depende de las propiedades dieléctricas del medio y de la energía de la luz. La relación entre la velocidad de la luz en el vacío y en un medio se denomina índice de refracción del medio:

$$n = c / v$$

Flujo Luminoso. Se define como la cantidad de energía luminosa emitida por una fuente de luz por unidad de tiempo, en todas las direcciones. Se representa por la letra griega Φ y su unidad es el lumen (lm). Su expresión viene dada por:

$$\phi_L = \frac{dQ_L}{dt} \quad (lm)$$

$\phi_L$ = Flujo luminoso ($lm$).

$dQ_L/dt$ = Cantidad de energía luminosa radiada por unidad de tiempo.

Rendimiento luminoso (Eficacia luminosa). Indica el flujo luminoso que emite una fuente de luz por cada unidad de potencia eléctrica consumida para su obtención. Se representa por la letra griega ε y su unidad es el lumen/vatio (lm/W). La expresión de la eficacia luminosa viene dada por:

$$\varepsilon = \frac{\phi_L}{P} \quad \text{donde:} \quad \begin{array}{l} \varepsilon = \text{Eficacia luminosa.} \\ P = \text{Potencia activa (W)} \end{array}$$

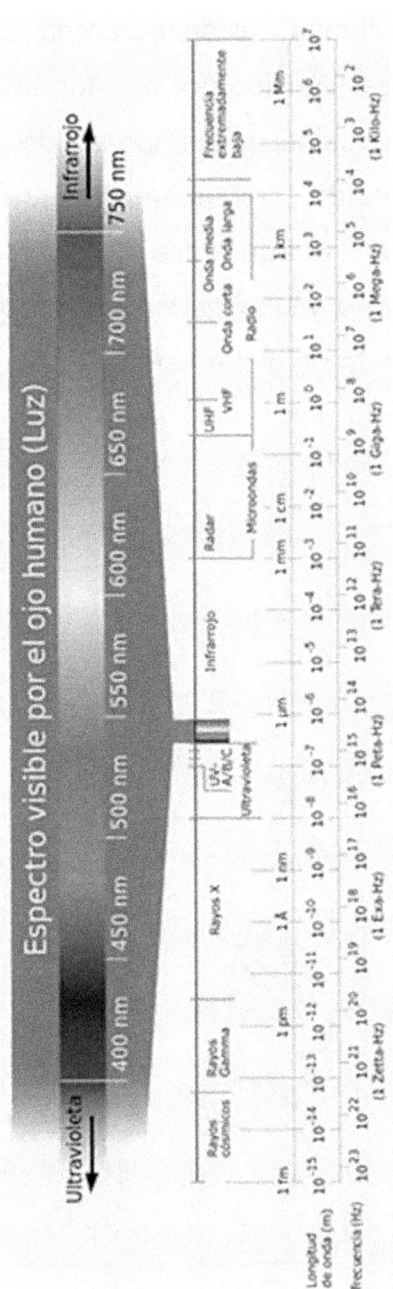

Intensidad luminosa. Se define como la relación entre el flujo luminoso emitido por una fuente de luz en una dirección por unidad de ángulo sólido en esa misma dirección, medido en estereorradianes (sr). Siendo éste el ángulo formado entre el centro de una esfera de radio unitario y una porción de superficie de una unidad cuadrada de dicha esfera.

$$I = \frac{\phi_L}{\omega} \quad (cd) \qquad \omega = \frac{S}{r^2}$$

$I$ = Intensidad luminosa (cd).

$\phi_L$ = Flujo luminoso (lm).

$\omega$ = Ángulo sólido (sr).

r = Radio de proyección (*m*)

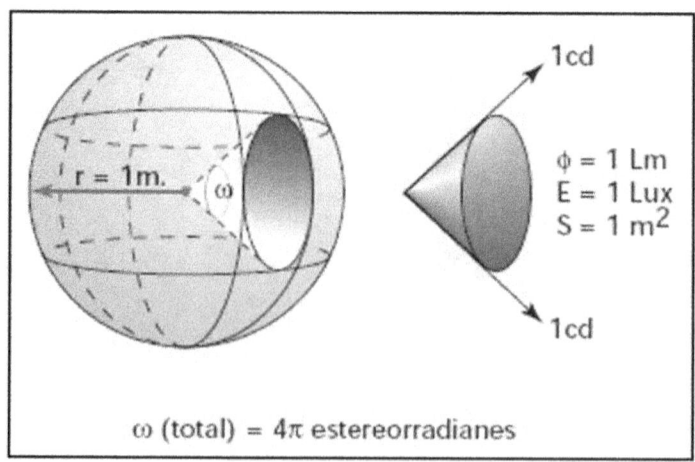

ω (total) = 4π estereorradianes

Nivel de Iluminación (Iluminancia). Los niveles de iluminación se definen como la relación entre el flujo luminoso y el área de superficie a la cual incide dicho flujo. Se simboliza con la letra E y su unidad es el lux. Por lo tanto, su expresión queda así:

$$E = \frac{\phi_L}{S}$$

donde:   $E$ = Iluminancia (*lux*).

$\phi_L$ = Flujo luminoso (*lm*).

$S$ = Superficie ($m^2$).

Iluminancia promedio ($E_{med}$). Es una medida importante que hay que considerar en el momento de realizar cualquier proyecto de iluminación. Se define como la relación entre la sumatoria de las iluminancias calculadas en cada punto considerado entre el número de dichos puntos. Por lo tanto:

$$E_{med} = \frac{\sum_{i=1}^{np} Ep_i}{np}$$

donde:   $E_{med}$ = Iluminación media.

$Ep_i$ = Iluminancia en el punto i-ésimo.

$np$ = Número de puntos considerados.

Luminancia. La luminancia se define como la relación entre la intensidad luminosa y la superficie proyectada verticalmente a la dirección de irradiación. . Dicha superficie es igual al producto de la superficie real iluminada por el coseno del ángulo (β) que forma la dirección de la intensidad luminosa y su normal. Su unidad es la candela por metro cuadrado (cd/m²), y su expresión correspondiente es:

$$L = \frac{I}{S \cdot Cos(\beta)} \quad (cd/m^2)$$

donde:   $L$ = Luminancia ($cd/m^2$)

$I$ = Intensidad luminosa ($cd$)

$S$ = Superficie ($m^2$)

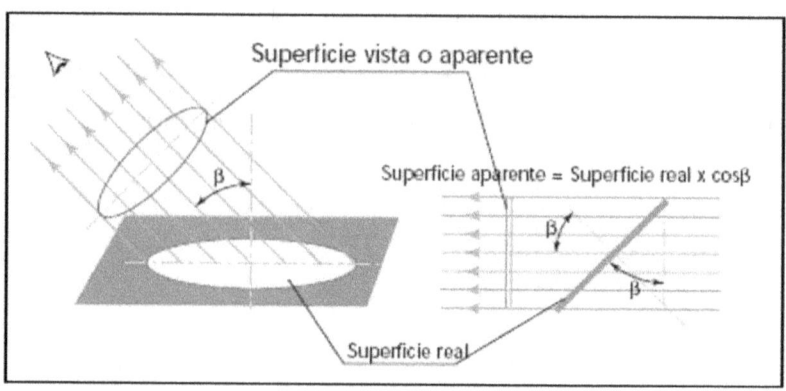

Luminancia en superficie

-Uniformidad. La iluminancia proporcionada en una superficie determinada nunca será totalmente uniforme. Esto se debe a que siempre habrá diferencias de valores de iluminancia dentro del escenario visual iluminado. Para definir la uniformidad de los niveles de iluminación en un área, es necesario definir los factores que determinan las variaciones de iluminancia.

-Factor de uniformidad general de iluminancia. Es la relación entre la iluminación mínima y la iluminación media sobre una superficie de una instalación de alumbrado. Se simboliza por Um y su unidad está dada en por ciento (%) o por una relación. Su expresión es:

$$U_m = \frac{E_{min}}{E_{med}} \quad \text{ó} \quad U_m = \frac{E_{med}}{E_{min}}$$

-Factor de uniformidad extrema. Es la relación entre la iluminación mínima y la iluminación máxima sobre una superficie de una instalación de alumbrado. Se simboliza por Ue y su unidad está dada en por ciento (%) o por una relación. La expresión que la define es:

$$U_e = \frac{E_{min}}{E_{max}} \quad \text{ó} \quad U_e = \frac{E_{max}}{E_{min}}$$

-Coeficiente de Variación (CV). Es un parámetro estadístico que indica, en términos porcentuales, la relación entre la desviación de todos los valores de iluminancia y la iluminación media. El valor del CV es igual a cero cuando no existen diferencias entre los valores, resultando entonces una distribución totalmente homogénea. La expresión que la define es:

$$\sigma = \sqrt{\frac{\sum_{i=1}^{np}(Ep_i - E_{med})^2}{np}} \quad \Rightarrow \quad CV = \frac{\sigma}{E_{med}}$$

donde, $\sigma$ = Desviación estándar de los valores de iluminación (*lux*).

CV = Coeficiente de variación.

-Deslumbramiento. El deslumbramiento es la sensación visual producida cuando existe exceso de luminancia (brillo) en el campo de visión, lo cual altera la sensibilidad del ojo, causando molestias y reduciendo la visibilidad. Los efectos de deslumbramiento se pueden dividir en dos grupos:

deslumbramiento perturbador y deslumbramiento molesto (G). El primero es aquel que reduce la capacidad de visualizar objetos, pero no necesariamente causa molestias. El segundo es aquel que sí causa molestias en la visualización, pero no necesariamente dificulta la observación de los objetos. Para poder controlar tal efecto se presentan a continuación los siguientes consejos:

-Colocar lo más alto posible las fuentes de luz de gran luminancia.

-Las luminarias en espacios interiores deben situarse de manera que el ángulo formado entre la dirección del eje visual y la dirección del foco luminoso sea superior a 45 grados. Utilizando proyectores en espacios exteriores, éste ángulo no debe ser menor a 20 grados.

-Apantallar las luminarias.

-Reducir la dispersión del flujo luminoso.

-Reducir las superficies de luminarias visibles.

-Temperatura de color (Tc). La temperatura de color de una fuente lumínica es medida por su apariencia cromática y está basada en el principio según el cual, todos los objetos cuando aumentan su temperatura, emiten luz. El color de esa luz cambia dependiendo del incremento de la temperatura, expresada en grados Kelvin (°K). A continuación se muestra como los colores de luz son clasificados:

| Color de luz | Temperatura de color (°K) | Apariencia de color |
|---|---|---|
| Amarillento | 1800 - 2500 | Cálido |
| Blanco cálido | 2600 - 3000 | |
| Blanco neutral | 3100 - 4100 | Intermedio |
| Blanco frío | 4300 - 6000 | Frío |
| Blanco luz día | 6100 - 6500 | |

Tabla. Apariencia del color según su temperatura

-Índice del Rendimiento del Color (IRC). Es el índice que indica el nivel o el grado de precisión en que un objeto iluminado pueda reproducir su propio color real bajo la influencia de una fuente de luz.

Cuando la luz incide sobre un cuerpo y éste genera un color prácticamente igual o idéntico al propio, entonces su IRC tendrá un valor cercano o igual a 100.

Para la clasificación de distintas fuentes de luz, se ha instituido a la lámpara incandescente como patrón, ya que dicha fuente representa un IRC de 100.

# Manual de Luminotecnia  Ing. Miguel D'Addario

| Grado del IRC | IRC | APARIENCIA |
|---|---|---|
| 1 | IRC ≥ 85 | Muy bueno |
| 2 | 75 ≤ IRC ≥ 85 | Bueno |
| 3 | 40 ≤ IRC ≥ 75 | Medio |
| 4 | IRC ≤ 40 | Nulo (monocromático) |

Clasificación del IRC según su grado y apariencia

*Refracción*

La refracción es la variación brusca de dirección que sufre la luz al cambiar de medio. Este fenómeno se debe al hecho de que la luz se propaga a diferentes velocidades según el medio por el que viaja. El cambio de dirección es mayor cuanto mayor es el cambio de velocidad, ya que la luz recorre mayor distancia en su desplazamiento por el medio en que va más rápido. La ley de Snell relaciona el cambio de ángulo con el cambio de velocidad por medio de los índices de refracción de los medios. Como la refracción depende de la energía de la luz, cuando se hace pasar luz blanca o policromática a través de un medio con caras no paralelas, como un prisma, se produce la separación de la luz en sus diferentes componentes (colores) según su energía, en un fenómeno denominado dispersión refractiva. Si el medio tiene las caras paralelas, la luz se vuelve a

**Manual de Luminotecnia**  *Ing. Miguel D'Addario*

recomponer al salir de él. Ejemplos muy comunes de la refracción es la ruptura aparente que se ve en un lápiz al introducirlo en agua o el arcoíris.

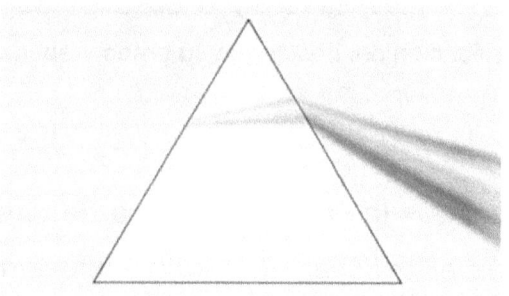

Refracción en un prisma

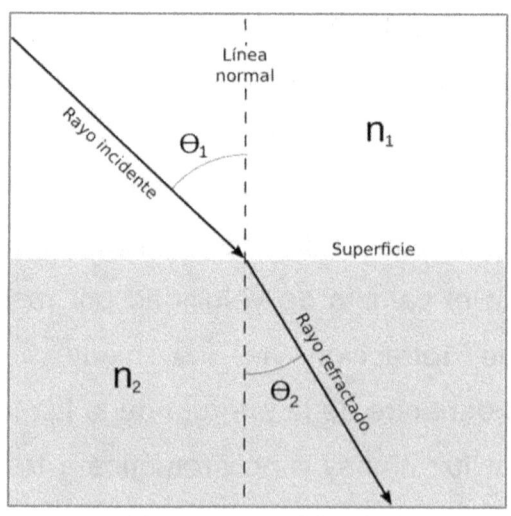

Ángulo de refracción

*Propagación y difracción*

Una de las propiedades de la luz más evidentes a simple vista es que se propaga en línea recta. Lo podemos ver, por ejemplo, en la propagación de un rayo de luz a través de ambientes polvorientos o de atmósferas saturadas. La óptica geométrica parte de esta premisa para predecir la posición de la luz, en un determinado momento, a lo largo de su transmisión. De la propagación de la luz y su encuentro con objetos surgen las sombras. Si interponemos un cuerpo opaco en el camino de la luz y a continuación una pantalla, obtendremos sobre ella la sombra del cuerpo. Si el origen de la luz o foco se encuentra lejos del cuerpo, de tal forma que, relativamente, sea más pequeño que el cuerpo, se producirá una sombra definida. Si se acerca el foco al cuerpo surgirá una sombra en la que se distinguen una región más clara denominada penumbra y otra más oscura denominada umbra. Sin embargo, la luz no siempre se propaga en línea recta. Cuando la luz atraviesa un obstáculo puntiagudo o una abertura estrecha, el rayo se curva ligeramente.

Este fenómeno, denominado difracción, es el responsable de que al mirar a través de un agujero muy pequeño todo se vea distorsionado o de que los telescopios y microscopios tengan un número de aumentos máximo limitado.

*Interferencia*

La forma más sencilla de estudiar el fenómeno de la interferencia es con el denominado experimento de Young que consiste en hacer incidir luz monocromática (de un solo color) en una pantalla que tiene una rendija muy estrecha. La luz difractada que sale de dicha rendija se vuelve a hacer incidir en otra pantalla con una doble rendija. La luz procedente de las dos rendijas se combina en una tercera pantalla produciendo bandas alternativas claras y oscuras. El fenómeno de las interferencias se puede ver también de forma natural en las manchas de aceite sobre los charcos de agua o en la cara con información de los discos compactos; ambos tienen una superficie que, cuando se ilumina con luz blanca, la difracta, produciéndose una cancelación por interferencias, en función del ángulo de incidencia de la luz, de cada uno de los colores que contiene, permitiendo verlos separados, como en un arco iris.

*Reflexión y dispersión*

Al incidir la luz en un cuerpo, la materia de la que está constituido retiene unos instantes su energía y a continuación la remite en todas las direcciones. Este fenómeno es denominado reflexión. Sin embargo, en superficies ópticamente lisas, debido a interferencias destructivas, la mayor parte de la radiación se pierde, excepto la que se propaga con el mismo ángulo que incidió. Ejemplos simples de este efecto son los espejos, los metales pulidos o el agua de un río (que tiene el fondo oscuro). La luz también se refleja por medio del fenómeno denominado reflexión interna total, que se produce cuando un rayo de luz, intenta salir de un medio en que su velocidad es más lenta a otro más rápido, con un determinado ángulo. Se produce una refracción de tal modo que no es capaz de atravesar la superficie entre ambos medios reflejándose completamente. Esta reflexión es la responsable de los destellos en un diamante tallado. En el vacío, la velocidad es la misma para todas las longitudes de onda del espectro visible, pero cuando atraviesa sustancias materiales la velocidad se reduce y varía para cada una de las distintas longitudes de onda del espectro, este efecto se denomina dispersión. Gracias a este fenómeno podemos ver los colores del arcoíris. El color azul del cielo se debe a la luz del sol dispersada por la atmósfera. El color blanco de las nubes o el de la leche también se deben a la dispersión de la luz por las gotitas de agua o por las partículas de grasa en suspensión que contienen respectivamente.

*Polarización*

El fenómeno de la polarización se observa en unos cristales determinados que individualmente son transparentes. Sin embargo, si se colocan dos en serie, paralelos entre sí y con uno girado un determinado ángulo con respecto al otro, la luz no puede atravesarlos.

Si se va rotando uno de los cristales, la luz empieza a atravesarlos alcanzándose la máxima intensidad cuando se ha rotado el cristal 90° sexagesimal respecto al ángulo de total oscuridad.

También se puede obtener luz polarizada a través de la reflexión de la luz. La luz reflejada está parcial o totalmente polarizada dependiendo del ángulo de incidencia.

El ángulo que provoca una polarización total se llama ángulo de Brewster. Muchas gafas de sol y filtros para cámaras incluyen cristales polarizadores para eliminar reflejos molestos.

## Naturaleza de la luz

La luz presenta una naturaleza compleja: depende de cómo la observemos se manifestará como una onda o como una partícula. Estos dos estados no se excluyen, sino que son complementarios. Sin embargo, para obtener un estudio claro y conciso de su naturaleza, podemos clasificar los distintos fenómenos en los que participa según su interpretación teórica:

## Teoría ondulatoria

Esta teoría, desarrollada por Christian Huygens, considera que la luz es una onda electromagnética, consistente en un campo eléctrico que varía en el tiempo generando a su vez un campo magnético y viceversa, ya que los campos eléctricos variables generan campos magnéticos (ley de Ampere) y los campos magnéticos variables generan campos eléctricos (ley de Faraday). De esta forma, la onda se autopropaga indefinidamente a través del espacio, con campos magnéticos y eléctricos generándose continuamente. Estas ondas electromagnéticas son sinusoidales, con los campos eléctrico y magnético

# Manual de Luminotecnia  *Ing. Miguel D'Addario*

perpendiculares entre sí y respecto a la dirección de propagación.

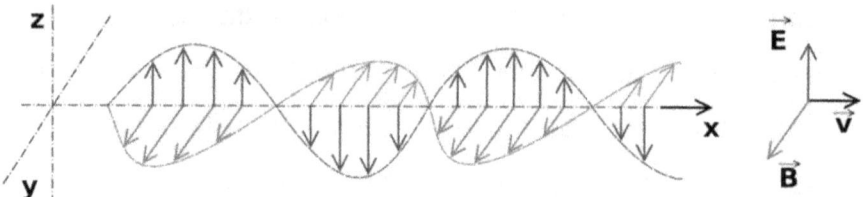

Vista lateral (izquierda) de una onda electromagnética a lo largo de un instante y vista frontal (derecha) de la misma en un momento determinado. De color rojo se representa el campo magnético y de azul el eléctrico.

Para poder describir una onda electromagnética podemos utilizar los parámetros habituales de cualquier onda:

- Amplitud (A): Es la longitud máxima respecto a la posición de equilibrio que alcanza la onda en su desplazamiento.
- Periodo (T): Es el tiempo necesario para el paso de dos máximos o mínimos sucesivos por un punto fijo en el espacio.
- Frecuencia (v): Número de oscilaciones del campo por unidad de tiempo. Es una cantidad inversa al periodo.

- Longitud de onda (λ): Es la distancia lineal entre dos puntos equivalentes de ondas sucesivas.

- Velocidad de propagación (V): Es la distancia que recorre la onda en una unidad de tiempo. En el caso de la velocidad de propagación de la luz en el vacío, se representa con la letra c.

## Leyes y principios fundamentales

Ley Fundamental. Partiendo de los conceptos de intensidad luminosa e iluminancia, se llega a la siguiente expresión:

$$E = \frac{I \cdot \omega}{S}$$

Pero al sustituir el radio entre la fuente de luz y la superficie considerada por una distancia d, el elemento de superficie esférica definido por el ángulo sólido queda de la siguiente manera:

$$\omega = \frac{S}{d^2}$$

Por lo tanto,

$$E = \frac{I}{d^2}$$

dónde:  E = Iluminancia (lux).
 I = Intensidad luminosa (cd).
 d = Distancia de la fuente a la superficie (m).

La ecuación expresa la Ley Fundamental de la Iluminación, y dice así: "La iluminación de una superficie situada perpendicularmente a la dirección de la radiación luminosa, es directamente proporcional a la intensidad luminosa en dicha dirección, e inversamente proporcional al cuadrado de la distancia que separa la fuente de dicha superficie." Para el caso en que el plano a iluminar no sea perpendicular a la dirección de los rayos incidentes a dicho plano, es necesario multiplicar a la ecuación por el coseno del ángulo de incidencia. Por lo tanto se obtiene la siguiente expresión:

$$E = \frac{I}{d^2} \cdot Cos(\alpha) \quad \text{ó} \quad E = \frac{I}{h^2} \cdot Cos^3(\alpha)$$

dónde: α = Ángulo de incidencia.

h = Altura de la fuente de luz (m).

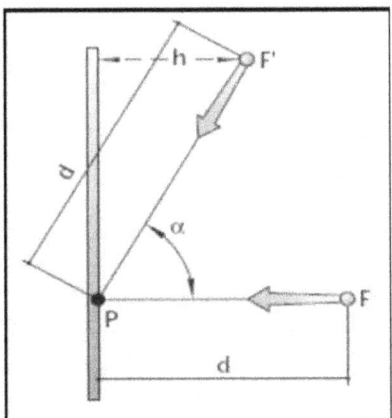

Iluminancia en un punto desde dos fuentes de luz
con diferente ángulo de incidencia

Para determinar la iluminancia en un punto con la contribución de más de una fuente de luz, se usa la siguiente expresión:

$$E = \sum_{i=1}^{nf} \frac{I_i}{d_i^2} \cdot Cos(\alpha_i)$$

dónde: $n_f$ = Número de fuentes de luz.

α$_i$ = Ángulo de incidencia de la fuente i-ésima.

Iluminación en un punto. La fuente "F" ilumina tres planos distintos situados en posición normal, horizontal y vertical. Por lo tanto, cada plano tendrá una iluminación diferente llamada: iluminación normal (EN), iluminación horizontal (EH) e iluminación vertical (EV).

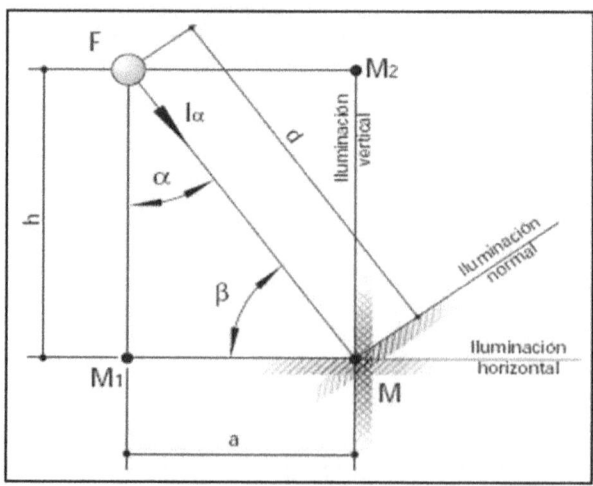

Iluminación normal, horizontal y vertical

Iluminación normal. Si partimos de la ecuación de la Ley Fundamental y teniendo en cuenta que el ángulo que forma la dirección de los rayos luminosos (I$_\alpha$) y la perpendicular a la superficie normal (F-M) es igual a cero grados (0°), entonces:

$$E_N = \frac{I_\alpha}{d^2} \cdot Cos(0) = \frac{I_\alpha}{d^2}$$

dónde, I$_\alpha$ = Intensidad Luminosa bajo el ángulo α (cd).

La iluminancia normal de un punto se considera cuando éste se encuentre en línea recta con la fuente de luz (F) sobre el plano horizontal (M$_l$). Entonces la ecuación se convierte en:

$$E_N = \frac{I}{h^2} \quad (lux)$$

Iluminación horizontal. Según la Ley Fundamental para el punto M en el plano horizontal se tiene que:

$$E_H = E_N \cdot Cos(\alpha) = \frac{I_\alpha}{d^2} \cdot Cos(\alpha)$$

o

$$E_H = \frac{I_\alpha}{h^2} \cdot Cos^3(\alpha)$$

Iluminación vertical. Para este caso, según la Ley Fundamental para la iluminación en el punto M del plano vertical, se tiene que:

$$E_V = E_N \cdot Cos(\beta)$$

dónde:

$$Cos(\beta) = Cos(90 - \alpha) =$$
$$Cos(90) \cdot Cos(\alpha) + Sen(90) \cdot Sen(\alpha) = Sen(\alpha)$$

Al aplicar el mismo razonamiento anterior utilizado para determinar $E_H$, resulta que:

$$E_V = \frac{I_\alpha}{h^2} \cdot Sen(\alpha) \cdot Cos^2(\alpha)$$

Si se dividen miembro a miembro las ecuaciones resulta que:

$$\frac{E_V}{E_H} = \frac{\frac{I_\alpha}{h^2} \cdot Sen(\alpha) \cdot Cos^2(\alpha)}{\frac{I_\alpha}{h^2} Cos^3(\alpha)} =$$

$$Tag(\alpha) \implies E_V = E_H \cdot Tag(\alpha)$$

El procedimiento de la iluminación en un punto de cualquier plano a considerar, es la base para entender y determinar los valores necesarios para el proceso de cálculo y diseño de un proyecto de iluminación.

## Fuentes luminosas

Las primeras fuentes luminosas empleadas por el hombre estuvieron basadas en alguna forma de combustión, ya sea el fuego, las velas o las antorchas. Hoy en día existen muchas formas y variedades de generar luz para las distintas aplicaciones necesarias en la industria. Todas las fuentes de luz artificial implican la conversión de alguna forma de energía en radiación electromagnética, basándose principalmente en la excitación de átomos y luego la emisión de fotones. Artificialmente existen varias formas de producir radiación luminosa y están divididas por los procesos de incandescencia y la luminiscencia. Esta última, a su vez se divide principalmente en descarga en gases, fotoluminiscencia y electroluminiscencia. En la industria, los procesos de incandescencia y por descarga en gases son los más comunes y los más usados. Las lámparas pueden ser de muchas clases, cada una de ellas con sus particularidades y características específicas. Como se dijo anteriormente, existen dos clasificaciones que describen el tipo de lámpara. En la siguiente figura se puede observar dicha clasificación:

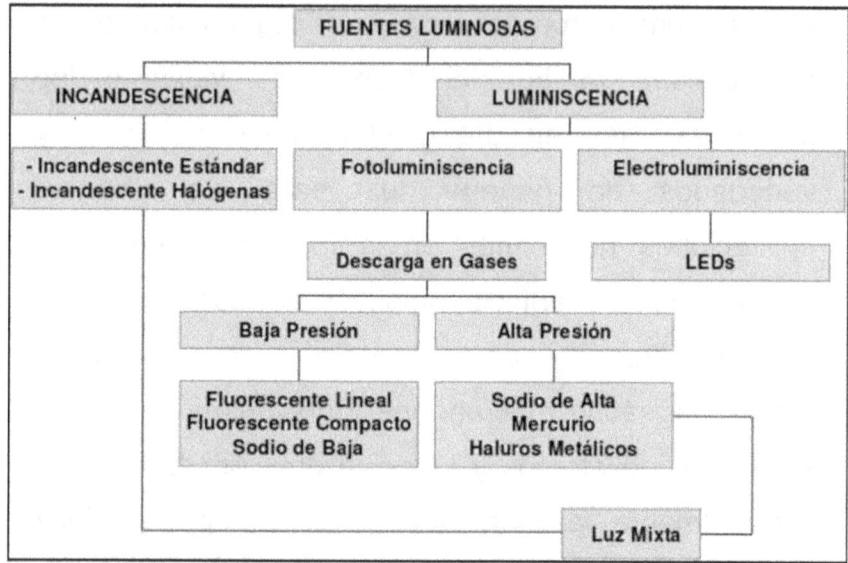

Clasificación general de las fuentes luminosas

-Lámparas incandescentes. El principal funcionamiento y característica de cualquier lámpara de incandescencia es un resorte de alambre fino, llamado "filamento". Cuando la corriente eléctrica pasa a través de él, este filamento se torna de color blanco y emite luz visible. Casi todos los filamentos están hechos de tungsteno debido a su alto punto de fusión. Entre más roscas y cuanto más juntas estén estas, más calor se concentra y más luz emite el filamento. Pero gran parte de la energía eléctrica se pierde y por ello su eficacia luminosa es pequeña. Dentro de las ventajas están: costo inicial más bajo (instalación), puede ser controlada para dar cualquier nivel de luz y no utiliza accesorios para su encendido.

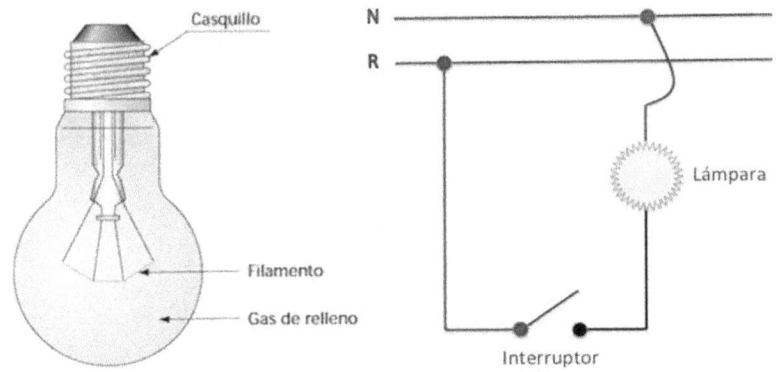

Partes de una lámpara incandescente y su circuito

-Lámparas incandescentes halógenas. Funcionan bajo el mismo principio de la lámpara incandescente, pero en este caso la cápsula (ampolla) posee un componente halógeno agregado al gas (yodo o bromo), que trabaja como elemento regenerativo. Este bombillo alcanza altas temperaturas y puede venir con casquillo de rosca (con o sin reflector) o casquillo "bi-pin" (lineal o con reflector). Entre sus ventajas con respecto a las lámparas incandescentes

**Manual de Luminotecnia**  *Ing. Miguel D'Addario*

están: mayor durabilidad, mayor eficiencia luminosa y tamaños más compactos.

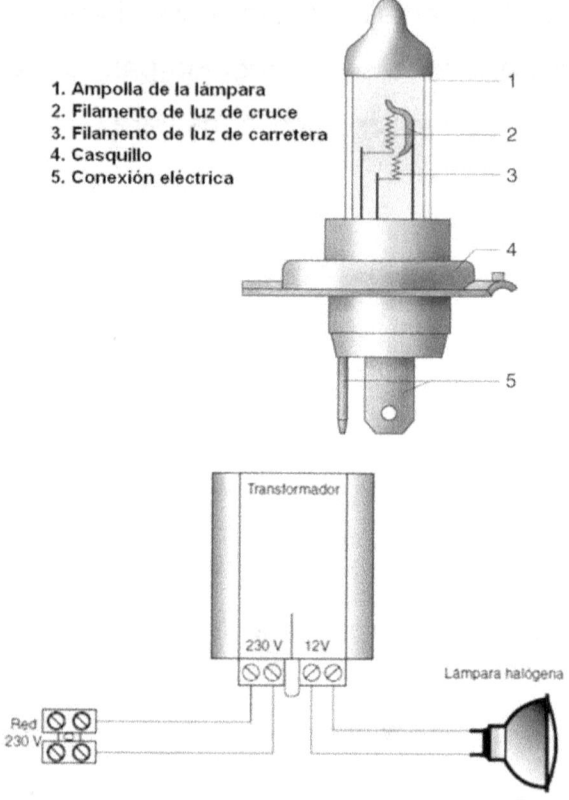

1. Ampolla de la lámpara
2. Filamento de luz de cruce
3. Filamento de luz de carretera
4. Casquillo
5. Conexión eléctrica

Partes de una lámpara incandescente halógena y su circuito

-Lámparas fluorescentes. Las lámparas fluorescentes son consideradas como lámparas de descarga. La corriente pasa a través de un vapor de mercurio a baja presión, de esta manera estas lámparas son también llamadas "lámparas de descarga de mercurio a baja presión".

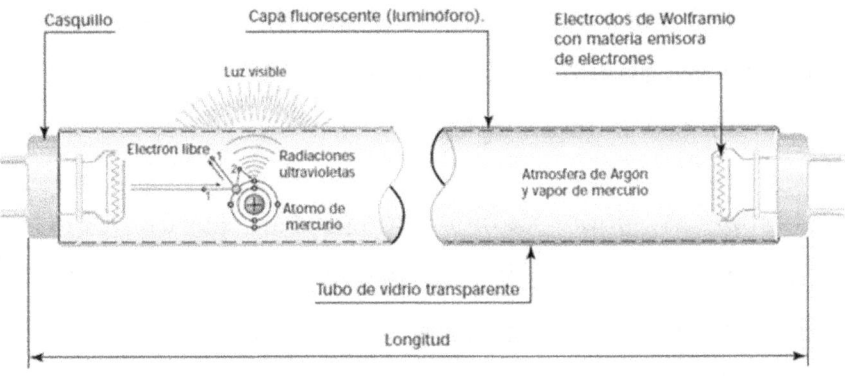

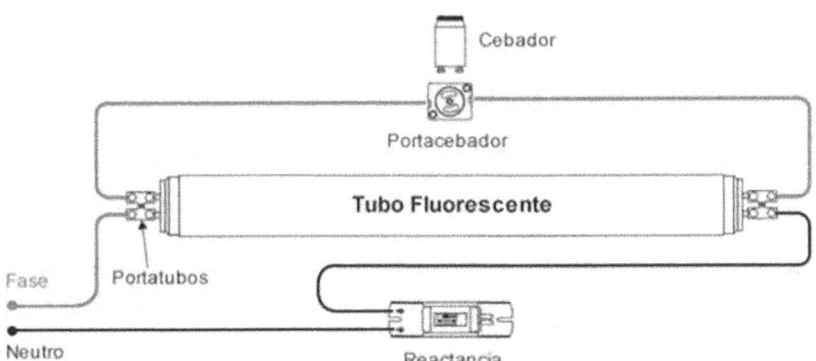
Partes de una lámpara fluorescente y su circuito

En el momento en que la lámpara se enciende, los electrones "bombardean" los átomos de mercurio provocando que el gas emita los rayos ultravioleta (UV). Cuando estos rayos golpean una capa de fósforo se produce una luz visible. Para el encendido de estas lámparas, es necesario el uso de equipos auxiliares como son el balasto y el cebador. Entre sus características, se destacan: una vida útil elevada, tienen poca pérdida de energía en forma de calor y bajo consumo de energía.

-Lámparas fluorescentes compactas (CFL). Estas lámparas reúnen las cualidades de los tubos fluorescentes en las dimensiones de una lámpara incandescente. Poseen además buenas características de reproducción de color y un rango considerable de vida útil. Consumen un 80 por ciento menos de energía que una lámpara incandescente para alcanzar el mismo nivel de iluminación. Su potencia es limitada, debido al pequeño volumen del tubo de descarga. Pueden venir con o sin balasto incorporado, según el tipo de rosca.

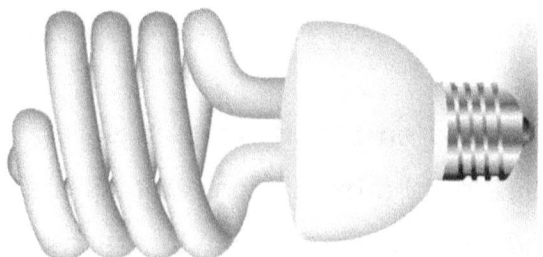

Lámpara fluorescente compacta

# Manual de Luminotecnia  Ing. Miguel D'Addario

-Lámparas de vapor de mercurio a alta presión.

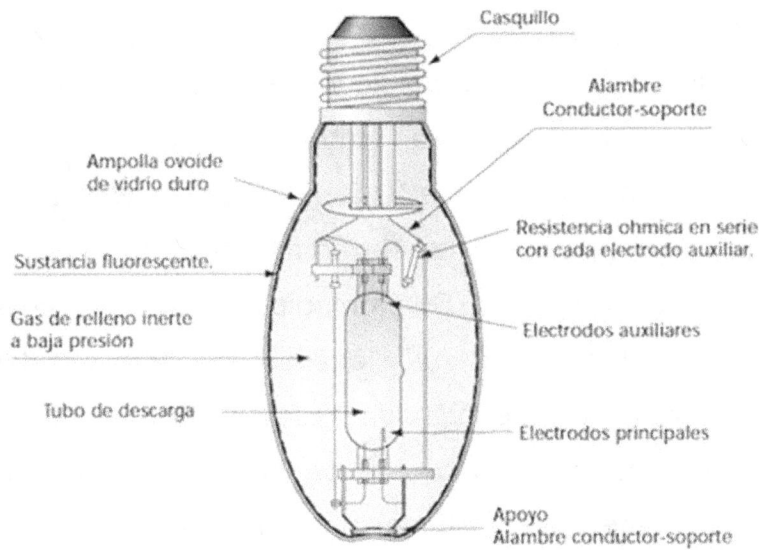

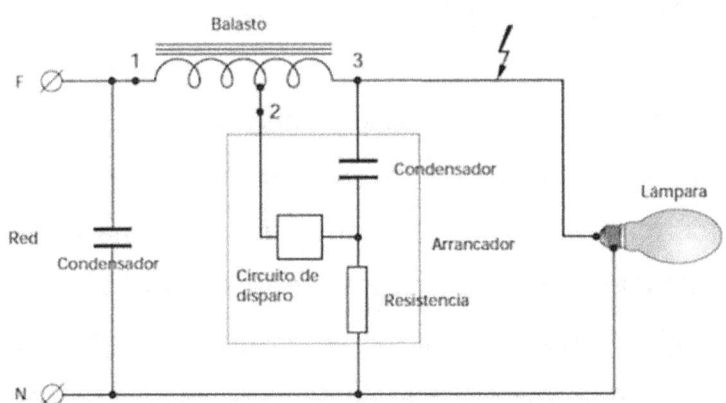

Partes de la lámpara de vapor de mercurio a alta presión y circuito de conexionado

Estas son consideradas lámparas de descarga de alta intensidad (HID). La descarga se produce en un tubo de descarga que contiene una pequeña cantidad de mercurio y un relleno de gas inerte (argón) para ayudar el encendido. La superficie interior del bulbo exterior se encuentra cubierta con un polvo fluorescente que convierte la radiación ultravioleta en radiación visible. La luz de estas lámparas tiene un color blanco azulado. Su promedio de vida útil alcanza las 24000 horas, lo cual llega ser el doble que las lámparas antes mencionadas. Sin embargo, tienen un rendimiento luminoso menor que las lámparas fluorescentes. No obstante, para su funcionamiento es imprescindible el uso de un balasto y un condensador para mejorar su factor de potencia.

-Lámparas de halogenuros metálicos. Son lámparas que contienen un tubo de descarga relleno de mercurio a alta presión y compuesto por una mezcla de halogenuros metálicos tales como el ioduro de escandio, ioduro de sodio y otros. Éstos permiten obtener rendimientos luminosos más elevados y mejores propiedades de reproducción cromática que las mismas lámparas de mercurio. Entre sus características tenemos: alta eficiencia (seis veces más que las lámparas incandescentes y dos veces más que las de vapor de mercurio), excepcional rendimiento de color y buen mantenimiento de lúmenes. Pero el rango de vida útil de esta lámpara es más corto que las de vapor de mercurio y también requieren equipos auxiliares tales como balastos, arrancadores y condensadores.

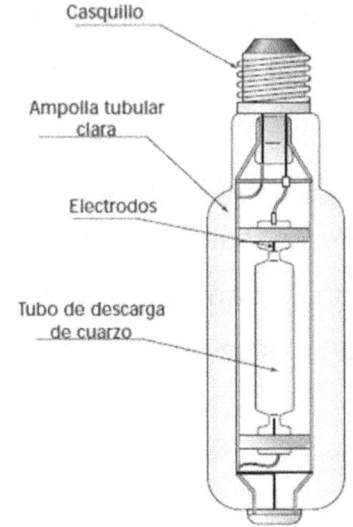

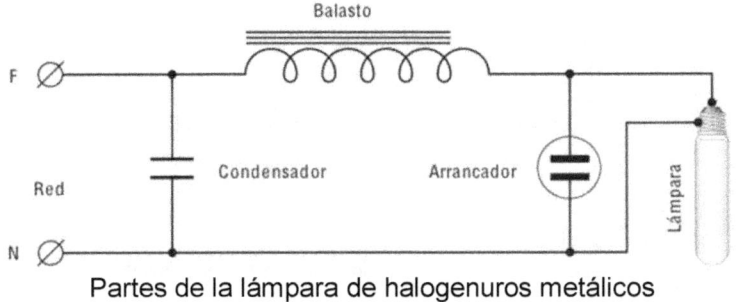

Partes de la lámpara de halogenuros metálicos
y circuito de conexionado

-Lámparas de vapor de sodio de baja presión. Existe una gran similitud entre el trabajo de una lámpara de sodio de baja presión y una lámpara de mercurio e incluso una fluorescente. La radiación visible de la lámpara de sodio es casi monocromática y se produce por la descarga a través del sodio a baja presión. Posee una mala reproducción cromática (la luz es de color amarillo), por lo que será la menos valorada de todos los tipos de lámpara. Sin embargo, es la lámpara de mayor eficiencia luminosa y larga vida. Son comúnmente usadas en aquellos lugares donde el factor de color no tiene mucha importancia, como son las calles, autopistas, túneles, playas, etc.

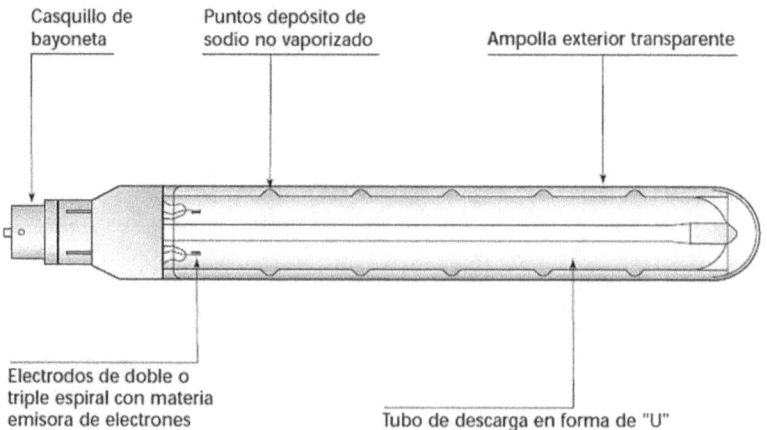

# Manual de Luminotecnia  *Ing. Miguel D'Addario*

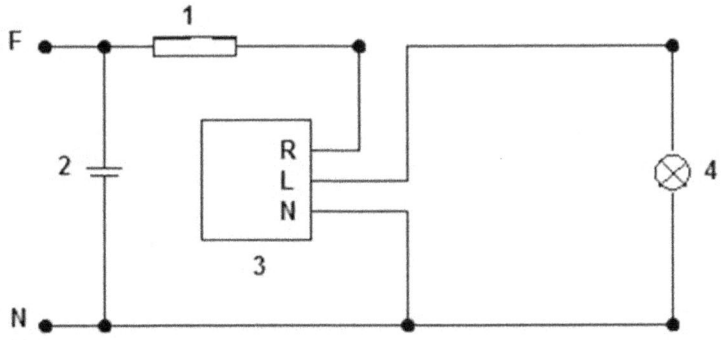

1 Balasto de 400 w
2 Capacitor
3 Ignitor
4 Lampara de Sodio

Partes de la lámpara de vapor de sodio de baja presión
y circuito de conexionado

-Lámparas de vapor de sodio de alta presión. La diferencia de presiones del sodio en el tubo de descarga es la principal diferencia con la lámpara antes mencionada. No solo hay exceso de sodio en el tubo de descarga, sino también mercurio y xenón. Esto hace que tanto la temperatura de color como la reproducción del mismo mejoren significativamente con la de baja presión. Además, facilita el encendido, y se caracterizan por mantener una eficacia elevada y una larga vida útil. Son ampliamente usados en alumbrado de exteriores por su capacidad de acentuar los elementos iluminados.

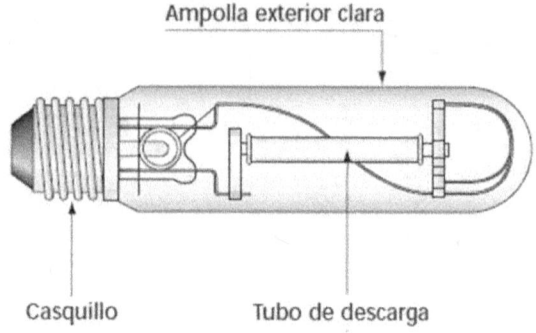

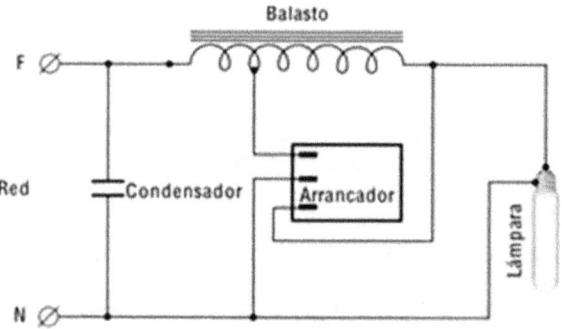

Partes de la lámpara de vapor de sodio de alta presión
y circuito de conexionado

-Lámparas de luz mixta. Es una combinación entre una lámpara de mercurio y una incandescente, ya que posee un filamento para estabilizar la corriente. Por lo tanto no requiere el uso de un balasto. Dicho filamento está conectado en serie con el tubo de descarga, y la luz producida es una combinación entre la descarga del mercurio y la del filamento. También posee una buena reproducción cromática.

## Características de las lámparas

| Lámpara | Potencia (W) | Temp. de color (°K) | Rendimiento (lm/W) | Índice de rend. de color (IRC) | Vida útil (h) | Tiempo de encendido (min) |
|---|---|---|---|---|---|---|
| Incand. estándar | 15 - 300 | 2650 - 2800 | 2,8 - 17,6 | 100 | 200 - 8000 | 0 |
| Incand. halógena | 20 - 1500 | 2600 - 3050 | 3,2 - 22,2 | 100 | 800 - 6000 | 0 |
| Fluorescente lineal | 14 - 215 | 3500 - 6500 | 54,3 - 103,6 | 60 - 86 | 9000 - 24000 | 0 |
| Fluorescente compacta | 9 - 42 | 2700 - 6500 | 52,0 - 76,2 | 80 - 84 | 3000 - 12000 | 0 - 1 |
| Mercurio alta presión | 80 - 400 | 3900 | 33,6 - 43,8 | 40 - 50 | 12000 - 24000 | <7 |
| Haluros metálicos | 100 - 2000 | 3700 - 5000 | 50,3V - 102V / 42,3H - 88,7H | 65 - 75 | 3000V - 20000V / 3000H - 15000V | <4 |
| Sodio alta presión | 35 - 1000 | 1900 - 2000 | 57,9 - 126 | 22 | 16000 - 28500 | <6 |
| Sodio baja presión | 18 - 135 | 1800 | 87,2 - 141,8 | 0 | 16000 - 18000 | <6 |
| Luz Mixta | 160 - 500 | 3940 - 5100 | 16,9 - 22,5 | 50 | 8000 | <2 |

## Luminarias

Según la Comisión Internacional de Iluminación (CIE), la definición de luminarias son "Aparatos que distribuyen, filtran o transforman la luz emitida por una o varias lámparas y que contienen todos los accesorios necesarios para fijarlas, protegerlas y conectarlas al circuito de alimentación".

Resumiendo los objetivos antes mencionados, una luminaria debe proveer los siguientes requisitos básicos para su funcionalidad:

- Protección de las fuentes de luz.
- Distribuir adecuadamente la luz en el espacio.
- Aprovechar la mayor cantidad de flujo luminoso emitido por las fuentes de luz.
- Satisfacer las necesidades estéticas según el ambiente donde estén destinadas.
- Evitar las molestias provocadas por el brillo excesivo (deslumbramiento).

Las luminarias según distintos criterios de selección. La selección de la luminaria ideal para cada tipo de proyecto es uno de los procedimientos más importantes dentro de la luminotecnia, y además debe realizarse en forma conjunta con la elección de la lámpara. En la actualidad existen diversos tipos de tamaño, aplicación y forma de luminarias, y diferentes criterios de clasificación que un proyectista tenga en consideración para la elección de estas. Las luminarias tienen ciertas características esenciales las cuales pueden clasificarse según su: cualidad, grado de protección, aplicación y factor de eficiencia.

*Clasificación de las luminarias según su cualidad*
Una luminaria debe poseer una serie de características que satisfagan las necesidades requeridas para una determinada instalación de alumbrado. Por lo tanto, deben poseer las siguientes cualidades para que cumplan eficientemente su función: sistemas ópticos, mecánicos y eléctricos, y estética.

*Sistemas ópticos utilizados*
Para la adecuada distribución luminosa, las luminarias actúan con uno o más de los siguientes elementos de control óptico: reflectores, refractores, difusores, dispositivos de apantallamiento y filtros.

Elementos reflectores. Son aquellos en donde la luz incidente de la luminaria se refleja total o parcialmente, en forma especular o difusa. Se emplean cuando se requiere una forma precisa de la distribución de luz. El reflector puede ser: parabólico, esférico, elíptico o difuso.

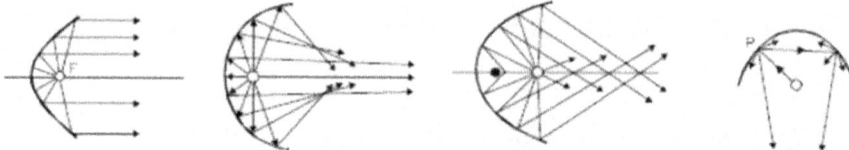

Reflectores: Parabólico, Esférico, Elíptico y Difuso

*Elementos refractores.* Los elementos refractores utilizados en luminarias permiten un buen control direccional de la luz, ya que modifica la velocidad de propagación y la dirección de ella. Comúnmente, estos elementos son empleados en alumbrado de interiores.

*Elementos difusores.* Estos elementos no proporcionan un control de haz nítido pero son muy valiosos cuando lo que se pretende es dirigir la luz en todas las direcciones y hacia zonas amplias del ambiente.

*Dispositivos de apantallamiento.* Consiste en acomodar el reflector de manera que provea el ángulo necesario para controlar o dirigir la luz y evitar el deslumbramiento directo. Dicho ángulo se expresa como el grado de apantallamiento.

Filtros. Estos filtros tienen como función principal conseguir un efecto estético deseado por medio de colores y están hechos generalmente de plástico o vidrio coloreados con tinte transparente.

*Mecánica y eléctrica*

La diversidad de aplicaciones y diseños de luminarias dan como resultado una amplia variedad de las mismas. Las luminarias deben estar diseñadas para que su cuerpo provea un apropiado grado de protección contra el ingreso de cuerpos sólidos o polvo, contra el eventual ingreso de agua y que permita a la lámpara funcionar en condiciones apropiadas de temperatura. Los accesorios del sistema eléctrico de una luminaria tienen como principal objetivo facilitar la conexión y desconexión eléctrica. Por otra parte, están los accesorios del sistema eléctrico de la luminaria, que deben facilitar la fijación y el pasaje de los conductores de forma sencilla.

*Estética*

Además de sus características funcionales, hay una gran importancia en la apariencia estética de las luminarias, no solo cuando están encendidas en la noche, sino también apagadas bajo la luz del día. Es por eso que el diseño de las luminarias y sus accesorios externos (brazos, postes, etc.), garanticen una coherencia visual en conjunto con el paisaje que se encuentren dichos elementos.

*Clasificación de las luminarias según grado de protección*

En el año 1989, La Comisión Internacional de Electrotecnia (IEC) publicó el sistema de clasificación IP (del inglés, International Protection), el cual clasifica a las luminarias de acuerdo al grado de protección que poseen contra el ingreso de polvo, humedad y cuerpos extraños. El método consiste en identificar de equipo con dos dígitos, el primero indica el grado de protección contra la entrada de elementos sólidos extraños o polvo (de 0 al 6) y el segundo, el

Manual de Luminotecnia  Ing. Miguel D'Addario

grado de protección que impide la entrada de agua (de 0 a 8).

| Primer número característico | Breve descripción | Símbolo |
|---|---|---|
| 0 | No protegida. | No tiene |
| 1 | Protegida contra objetos sólidos mayores de 50 mm. | No tiene |
| 2 | Protegida contra objetos sólidos mayores de 12'5 mm. | No tiene |
| 3 | Protegida contra objetos sólidos mayores de 2'5 mm. | No tiene |
| 4 | Protegida contra objetos sólidos mayores de 1 mm. | No tiene |
| 5 | Protegida contra polvo. | ✳ |
| 6 | Hermética al polvo. | ◆ |

Clasificación IEC 529 de luminarias de acuerdo a su grado de protección contra polvo

| Segundo número característico | Breve descripción | Símbolo |
|---|---|---|
| 0 | No protegida. | No tiene |
| 1 | Protegida contra gotas de agua en caída vertical. | ● |
| 2 | Protegida contra caída de agua verticales con una inclinación máxima de 15° de la envolvente. | No tiene |
| 3 | Protegida contra el agua en forma de lluvia fina formando 60° con la vertical como máximo. | ▣ |
| 4 | Protegida contra proyecciones de agua en todas las direcciones. | ▲ |
| 5 | Protegida contra chorros de agua en todas las direcciones. | ▲▲ |
| 6 | Protegida contra fuertes chorros de agua en todas las direcciones. | No tiene |
| 7 | Protegida contra efectos de inmersión temporal en agua. | ●● |
| 8 | Protegida contra la inmersión continua en agua. | ●●-m |

Clasificación IEC 529 de luminarias de acuerdo a su grado de protección contra el agua

*Clasificación de las luminarias según su aplicación*

Cuando se trata de clasificar las luminarias según su aplicación, se emplean dos tipos o divisiones

65

principales que son la iluminación de interiores y de exteriores:

*Iluminación de interiores*

- Luminarias para iluminación industrial.
- Luminarias para iluminación comercial y/o oficinas.
- Luminarias para iluminación residencial.

*Iluminación de exteriores*

- Luminarias para alumbrado público.
- Luminarias para fachadas y/o monumentos.
- Luminarias para zonas deportivas.
- Luminarias para áreas extensas.

*Luminarias para instalaciones de iluminación interior*

La meta principal en la iluminación de espacios interiores consiste en proveer un nivel de iluminación adecuado a las características de la o las tareas y actividades que se van a realizar en dicho espacio.

Estas luminarias se pueden clasificar de distintas maneras, a continuación se presentan las principales:

**Manual de Luminotecnia**  *Ing. Miguel D'Addario*

## Clasificación de distribución luminosa según la CIE

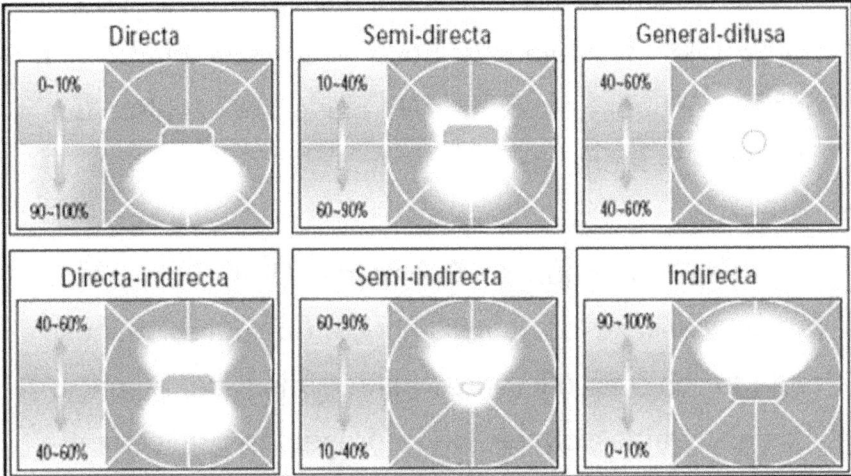

Clasificación de luminarias según su distribución luminosa

| DISTRIBUCIÓN | CARACTERÍSTICAS |
|---|---|
| Iluminación directa | Alta eficiencia energética y buena uniformidad. Requiere control de luminancia para minimizar el deslumbramiento. El cielorraso puede quedar poco iluminado. |
| Iluminación semi-directa | Similar a tipo directo, pero con menor eficiencia. La luz reflejada suaviza las sombras y mejora la claridad. |
| Iluminación difusa | Requiere altas reflectancias de paredes y techos. Produce buena claridad pero ocasiona deslumbramiento. |
| Iluminación directa-indirecta | Tipo difuso pero con una eficiencia mayor y reduce la luminancia en las zonas de deslumbramiento directo. |
| Iluminación semi-indirecta | Reduce el contraste de claridades en las superficies. |
| Iluminación indirecta | Elimina el deslumbramiento, requiriendo altas reflectancias en todas las superficies. |

Clasificación y características según distribución luminosa

**Manual de Luminotecnia**  *Ing. Miguel D'Addario*

Las luminarias para la iluminación de interiores según la CIE, se encuentran clasificadas de acuerdo con el porcentaje de flujo luminoso total distribuido por debajo y por encima del plano horizontal que atraviesa la fuente de luz.

-Clasificación según su fotometría. Una luminaria se puede clasificar por su distribución de flujo luminoso radiado en las diferentes direcciones del espacio. Existen varias formas de representar gráficamente dicha distribución, pero la más común son los diagramas polares.

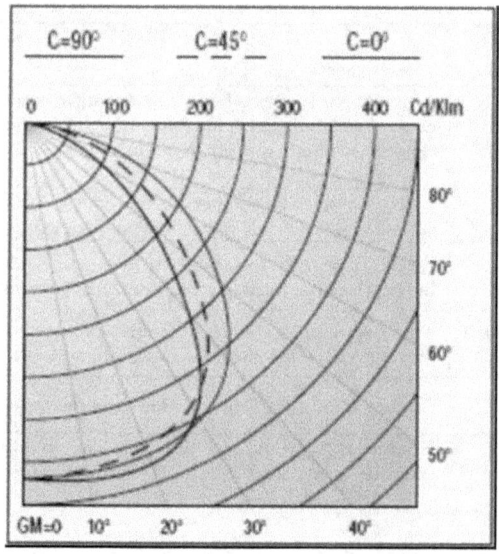

Diagrama polar en el sistema de coordenadas $C - \gamma$

Estas curvas generalmente están dadas en el sistema de coordenadas $C - \gamma$, utilizando generalmente los tres planos principales de C (0°, 45° y 90°). Las unidades correspondientes para estas curvas del diagrama polar están en candelas (cd) por 1000 lúmenes (lm) de flujo emitido (cd/1000lm).

-Clasificación según su simetría. Los cuerpos fotométricos se reconocen también por las distintas simetrías de sus curvas de distribución luminosa correspondiente.

Estas son:

a) Luminarias de distribución simétrica: Son aquellas en las que el flujo se reparte de forma uniforme respecto al eje de simetría. La distribución de las intensidades luminosas se puede expresar por una sola curva fotométrica.

b) Luminarias de distribución asimétrica: El flujo luminoso se distribuye de forma no simétrico respecto al eje de simetría. Las intensidades luminosas se representan con una curva para diversos planos característicos.

*Luminarias para instalaciones de iluminación por proyección (exterior)*

Estas luminarias son usadas principalmente en cualquier tipo de instalaciones deportivas, tanto techadas o al aire libre, también para áreas extensas de trabajo, fachadas, medios de publicidad, y muchos más. La función principal de un proyector es concentrar la luz en un ángulo sólido determinado por medio de distintos sistemas ópticos, con la finalidad de conseguir la mayor intensidad luminosa deseada. Por lo general, las fuentes de luz que son utilizadas comúnmente con estas luminarias son las de mercurio de alta presión, halógenas, haluros metálicos y las de sodio. Desde el punto de vista de la distribución lumínica, estas luminarias se dividen en tres grupos básicos, que son: proyectores con simetría, de rotación simétrica y de rotación asimétrica. Los proyectores pueden clasificarse también de otra manera, indicando el grado de apertura del haz de luz del proyector, si es: estrecho, medio o ancho. La apertura del haz de luz de un proyector es el ángulo que se forma cuando alcanza un determinado porcentaje de la intensidad luminosa emitida por la fuente de luz, generalmente hasta el 10% de su máximo valor. Un proyector clasificado como rotacionalmente simétrico es aquel con distribución de intensidad luminosa constante del plano que se considere. Para este tipo de proyector se establece un valor de apertura del haz a ambos lados del eje. En el caso de un proyector con distribución asimétrica, se establecen dos valores de apertura que indican la dispersión del haz en dos planos perpendiculares de simetría, vertical y horizontal respectivamente. Un ejemplo de distribución asimétrica podría ser 6°/24°. Hay casos en donde puede presentarse una asimetría en el plano vertical del proyector con relación al eje del haz. Se dan dos cifras para la apertura del haz en dicho plano y otra para el plano horizontal. Por ejemplo: 5° - 8°/24°, esto es 5° por encima del haz y 8° por debajo, y en el plano horizontal, 12° a la derecha y 12° a la izquierda. Existe también, con respecto a las clasificaciones antes mencionadas, dos tipos de proyectores para las consideraciones de diseño, que son: proyectores circulares y rectangulares. Los proyectores circulares pueden ser cónicos o cónicos ligeramente asimétricos, por lo que se obtiene una proyección elíptica sobre la superficie iluminada. Además, éstos suelen ser más eficientes que los rectangulares por la forma en que se refleja la luz. Los proyectores rectangulares emplean una distribución simétrica en los planos horizontales y verticales de forma rectangular. Aunque en el plano vertical también puede ser asimétrica, obteniendo una proyección de forma trapezoidal.

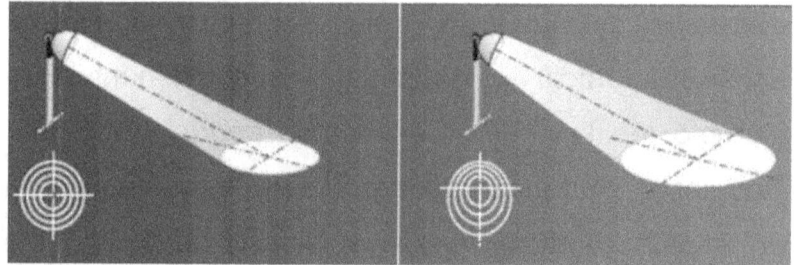

Proyectores circulares

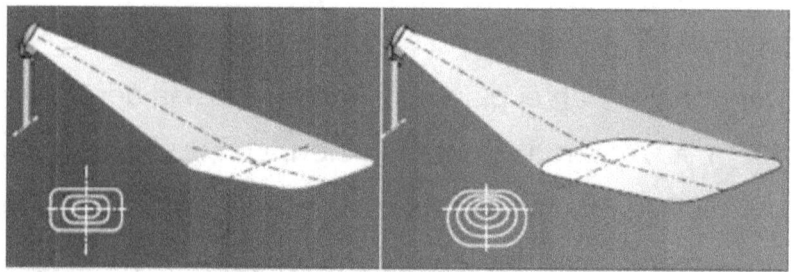

Proyectores rectangulares

Los fabricantes deben proveer la información fotométrica para cada una de estas luminarias. Se representan por medio del diagrama isocandela, con las coordenadas $B$-$\beta$, siendo $B$ el ángulo del plano y $\beta$ el ángulo con respecto al haz en dicho plano. También se puede representar tanto en el eje horizontal como en el vertical del diagrama, las distancias al eje del haz en grados ($\alpha$ y $\beta$).

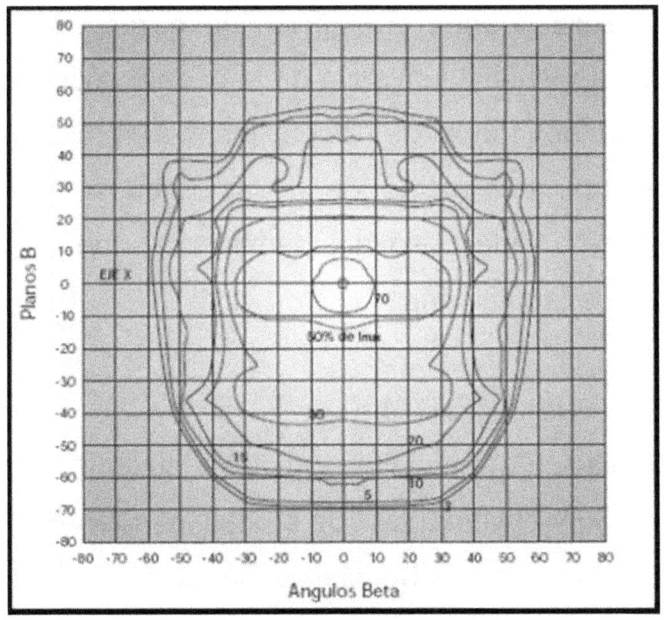

Diagrama isocandela para el sistema $B$-$\beta$

*Clasificación de las luminarias según los factores de eficiencia*

En la selección de las luminarias se deberá tener en cuenta los distintos criterios de clasificación mencionados anteriormente, aunque simultáneamente se deben considerar otros requisitos básicos asociados a la eficiencia de la luminaria, como son: el rendimiento luminoso, el factor de utilización y el factor de mantenimiento.

*Rendimiento luminoso de una luminaria (η)*
Es la relación entre el flujo luminoso que sale de la luminaria y el flujo luminoso de la o las fuentes de luz, funcionando fuera de dicha luminaria. Se puede representar por medio de tablas (fabricante) como rendimiento luminoso del hemisferio superior y del inferior de la luminaria.

*Factor de utilización ($f_u$)*
Es la relación entre el flujo luminoso incidente al plano de trabajo y el flujo total que emiten las fuentes de luz instaladas sobre dicho plano. Su unidad es en por unidad y se expresa así:

$$f_U = \frac{\phi_U}{\phi_{Total}}$$

donde:   $\phi_U$ = Flujo luminoso sobre el plano de trabajo (*lm*).

$\phi_{Total}$ = Flujo luminoso Total (*lm*).

Para el caso de iluminación de interiores, este es un factor muy importante a considerar ya que depende de las características geométricas de un local, el color y reflectancias de sus superficies. Para el caso de iluminación con proyectores, dicho factor es llamado coeficiente de utilización del haz (CBU, del inglés Coefficient of Beam Utilization), e indica la relación entre la totalidad de los lúmenes incidentes sobre la superficie a iluminar (lúmenes utilizados) y los lúmenes del haz del proyector (suministrados por el fabricante). Queda expresado de la siguiente manera:

$$CBU = \frac{\text{Lúmenes utilizados}}{\text{Lúmenes del haz}}$$

*Factor de mantenimiento ($f_m$)*
Es uno de los factores producidos por la disminución de la iluminancia, y se define como la razón de la iluminancia de una instalación en un tiempo especificado y la iluminancia de una instalación nueva. Este factor depende de una combinación de elementos producidos por la suciedad de las lámparas y las luminarias, las pérdidas de las propiedades

ópticas y otros elementos que contribuyan a la pérdida de luz

Para el cálculo del factor de mantenimiento, existen tres factores parciales de pérdidas que deben tenerse en cuenta: la depreciación del flujo de la lámpara, de la luminaria y por suciedad sobre la superficie del local (para iluminación de interiores).

-Depreciación del flujo de la lámpara (FDF)

Está relacionada con el tiempo de uso y ciertos factores relacionados con las condiciones de funcionamiento de las lámparas.

Los siguientes factores pueden influir en el índice de depreciación:

- Posición de funcionamiento de la lámpara.
- Temperatura del ambiente.
- Voltaje suministrado.

*El tipo de equipo auxiliar utilizado (si es relevante)*

Una manera en la que se puede obtener dicho factor, en caso de no obtener ninguna información del valor preciso, es dividir los lúmenes medios (al 50% de la vida de la lámpara) entre los lúmenes iniciales, y así se podrá obtener un valor ligeramente sobrevaluado.

**Manual de Luminotecnia**  *Ing. Miguel D'Addario*

-Depreciación de la luminaria (FDS). Está relacionada con la suciedad acumulada en las superficies internas y externas de la luminaria a lo largo del tiempo.

La depreciación de la emisión de luz de las luminarias puede ser reducida si ésta es seleccionada y apropiada para el lugar determinado.

Las luminarias abiertas acumulan más suciedad en menor tiempo y si el local es de ambiente contaminante, es preferible usar luminarias cerradas.

| Tipo de Luminaria | Muy limpio | Limpio | Medio | Sucio | Muy sucio |
|---|---|---|---|---|---|
| Abierta no ventilada | 0.90 | 0.8 | 0.71 | 0.64 | 0.56 |
| Abierta Ventilada | 0.95 | 0.89 | 0.83 | 0.78 | 0.72 |
| Cerrada | 0.97 | 0.93 | 0.88 | 0.83 | 0.78 |
| Vidrio Refractor o Cerrada y Filtrada | 0.98 | 0.95 | 0.93 | 0.89 | 0.86 |

Factores de depreciación por suciedad en las luminarias dependiendo del ambiente

-Depreciación por suciedad sobre las superficies del local (FDR).

Los valores de la cantidad de luz reflejada en el local y las reflectancias de las superficies (techos, paredes y pisos) son reducidos por la acumulación de sucio de dicho ambiente.

Este factor no solo dependerá del mantenimiento del local, sino también por el tamaño del mismo y de la distribución de luz de las luminarias.

Por lo tanto, luego de haber calculado todas las depreciaciones antes descritas, se puede obtener el factor de mantenimiento por medio del producto de dichos factores, quedando siempre menor que uno.

Su expresión queda así:

$$f_m = (FDF \cdot FDS \cdot FDR)$$

En caso de no obtener información de cualquier factor parcial, se pueden establecer valores predeterminados en función del ambiente de trabajo.

La siguiente tabla muestra algunos factores de mantenimiento usados para el tipo de aplicación.

| Ambiente de trabajo | fm | Grado de suciedad |
|---|---|---|
| Acerías, fundiciones | 0,65 | Sucio |
| Industrias de soldadura, mecanizado | 0,70 | |
| Oficinas industriales, salas | 0,75 | Medio |
| Patios de operación, locales públicos | 0,80 | Limpio |
| Despachos, oficinas comerciales, informáticas | 0,85 | |

Factores de mantenimiento usados en iluminación de interiores dependiendo del ambiente o su grado de suciedad

## Procedimientos para el diseño de iluminación

Establecer un procedimiento sistemático para diseñar un sistema de iluminación es bastante complejo, ya que cualquier proyecto puede tener diferentes puntos de factores y criterios a considerar.

Por lo tanto, es recomendable definir y esquematizar un proyecto de iluminación bajo cuatro procedimientos principales bien diferenciados, estos son los que se indican en la siguiente figura:

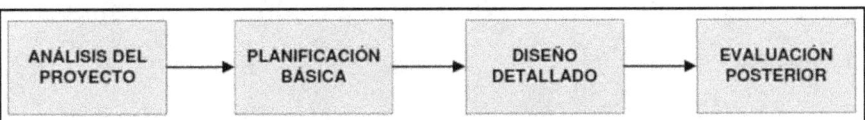
Proceso principal de diseño de iluminación

El proceso principal está comprendido por dichos procedimientos, y se encuentra ordenado según cómo debería ser la metodología para cualquier proyecto de iluminación.

A su vez, cada procedimiento es un proceso distinto conformado por otros procesos más.

Cada uno de ellos considera los aspectos generales de diseño, de tal manera que las particularidades del proyecto dependen del procedimiento que escoja el personal encargado.

Es importante notar que para las distintas aplicaciones en los proyectos de iluminación, ya sea de interiores o exteriores, habrá dos métodos que contengan aspectos y criterios distintos para la realización y el cumplimiento del proceso.

Estos métodos se llamarán: método práctico y método teórico.

El método práctico consiste en realizar cada procedimiento de forma empírica y predeterminada.

El método teórico consiste en realizar cada procedimiento en forma detallada y deducida.

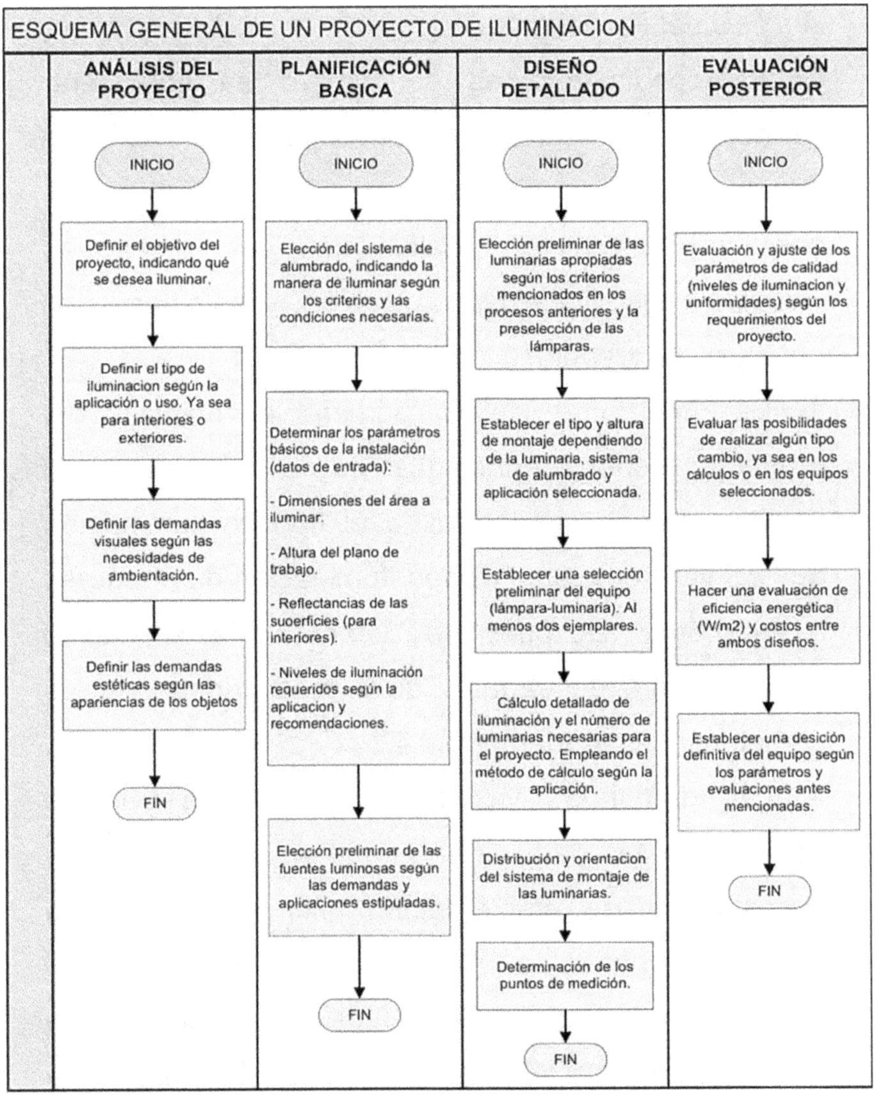

# Manual de Luminotecnia  Ing. Miguel D'Addario

| ESQUEMA GENERAL DE UN PROYECTO DE ILUMINACION ||||
|---|---|---|---|
| **ANÁLISIS DEL PROYECTO** | **PLANIFICACIÓN BÁSICA** | **DISEÑO DETALLADO** | **EVALUACIÓN POSTERIOR** |
| INICIO | INICIO | INICIO | INICIO |
| Definir el objetivo del proyecto, indicando qué se desea iluminar. | Elección del sistema de alumbrado, indicando la manera de iluminar según los criterios y las condiciones necesarias. | Elección preliminar de las luminarias apropiadas según los criterios mencionados en los procesos anteriores y la preselección de las lámparas. | Evaluación y ajuste de los parámetros de calidad (niveles de iluminacion y uniformidades) según los requerimientos del proyecto. |
| Definir el tipo de iluminacion según la aplicación o uso. Ya sea para interiores o exteriores. | Determinar los parámetros básicos de la instalación (datos de entrada): - Dimensiones del área a iluminar. - Altura del plano de trabajo. - Reflectancias de las superficies (para interiores). - Niveles de iluminación requeridos según la aplicacion y recomendaciones. | Establecer el tipo y altura de montaje dependiendo de la luminaria, sistema de alumbrado y aplicación seleccionada. | Evaluar las posibilidades de realizar algún tipo cambio, ya sea en los cálculos o en los equipos seleccionados. |
| Definir las demandas visuales según las necesidades de ambientación. | | Establecer una selección preliminar del equipo (lámpara-luminaria). Al menos dos ejemplares. | Hacer una evaluación de eficiencia energética (W/m2) y costos entre ambos diseños. |
| Definir las demandas estéticas según las apariencias de los objetos | | Cálculo detallado de iluminación y el número de luminarias necesarias para el proyecto. Empleando el método de cálculo según la aplicación. | Establecer una desición definitiva del equipo según los parámetros y evaluaciones antes mencionadas. |
| FIN | Elección preliminar de las fuentes luminosas según las demandas y aplicaciones estipuladas. | Distribución y orientacion del sistema de montaje de las luminarias. | FIN |
| | FIN | Determinación de los puntos de medición. | |
| | | FIN | |

Esquematización de los procesos generales indicando los procedimientos correspondientes de un proyecto de iluminación

*Análisis del Proyecto*

Este procedimiento es el primero en considerar cuando se quiere realizar nuevos diseños. Consiste principalmente en reunir los datos necesarios que permitan determinar cuáles son las demandas visuales y estéticas de iluminación, y establecer los objetivos del trabajo.

1. Es importante definir primero el objetivo del proyecto, especificando qué es lo que se va a iluminar. Luego se determina el tipo de iluminación que se va a emplear, ya sea iluminación de interiores o exteriores. Después se determina la aplicación deseada para descartar y darle más prioridad a las características fundamentales.

2. Las demandas visuales son aquellas que se determinan a partir de una evaluación de las necesidades de ambientación. Por lo general se refiere a la apariencia de color del ambiente.

3. La demanda estética se refiere a la posibilidad de poder destacar el objetivo a iluminar (apariencia de objetos). Por lo general, la mayoría de los datos necesarios para establecer un análisis del proyecto se obtienen de la documentación técnica que suministra el cliente.

Pero también depende del responsable del trabajo o el diseñador de realizar una inspección visual de la obra, ya que permitirá completar y verificar los detalles y datos técnicos.

*Planificación Básica*

A partir del análisis descrito en el proceso anterior, es posible establecer un perfil detallado de las características principales que debe tener la instalación.

Lo que se busca aquí es definir las ideas básicas y los datos esenciales del diseño sin llegar a establecer todavía un aspecto específico.

Por lo tanto, sólo se considera los siguientes puntos de diseño: los parámetros básicos de la instalación (datos de entrada), la elección "preliminar" del sistema de alumbrado y las características de las fuentes luminosas requeridas.

*Planificación básica empleada en iluminación de interiores*

Para el caso de iluminación de interiores, habrá algunas diferencias con respecto a los puntos de diseño en comparación con el diseño de exteriores. A

**Manual de Luminotecnia**  *Ing. Miguel D'Addario*

continuación se describe cada uno de dichos puntos considerados.

*Datos de entrada*

Son aquellos que definen los valores principales para los distintos tipos de cálculo a realizar en el proceso de diseño detallado. Dichos datos son: dimensiones del local, altura del plano de trabajo, reflectancias y los niveles de iluminación. A continuación se describe brevemente cada uno, indicando el orden del procedimiento:

1- Dimensiones del local: Se debe disponer de los planos del (de los) ambiente (s) a iluminar para obtener toda la información de las medidas del área, que son la longitud (l), el ancho (a) y la altura total (H) de dicho ambiente.

2- Altura del plano de trabajo: El plano de trabajo es la superficie real o imaginaria situada a una cierta distancia del piso, la cual en ella estará situado el objetivo a iluminar o se realizará la actividad principal del local. Por lo general para los efectos de diseño, mientras no se indique lo contrario, se establecerá un plano de trabajo "tipo" a una altura de 0,75 metros del piso.

3- Reflectancias: La reflexión de una superficie es el porcentaje de la cantidad de luz que se refleja de la superficie. Las superficies con colores claros, tendrán reflexiones mayores que las superficies con acabados oscuros. Por lo tanto, se debe determinar las reflexiones del piso, pared y techo según sus colores o acabados.

4- Nivel de iluminación: Un adecuado nivel de iluminación dependerá de la actividad y la demanda visual. Los niveles de iluminación pueden seleccionarse por medio de tablas recomendadas realizadas por varias sociedades y estudios de luminotecnia.

*Elección del sistema de alumbrado*

La principal función de definir un sistema de alumbrado consiste en determinar cómo y en qué forma el diseñador va a tomar en cuenta la distribución y emplazamiento de las luminarias y la luz. En este proceso no hay un procedimiento en específico, ya que depende totalmente del criterio o la arquitectura del área a iluminar. A continuación se describen los principales sistemas de alumbrado utilizados en interiores:

-Alumbrado general. Se caracteriza por proveer una iluminación uniforme en todo el espacio ya que las luminarias se distribuyen en forma regular y equidistante.

Se puede dar el caso en que el área se divida en secciones, por lo que es necesario emplear un alumbrado general en cada una de ellas.

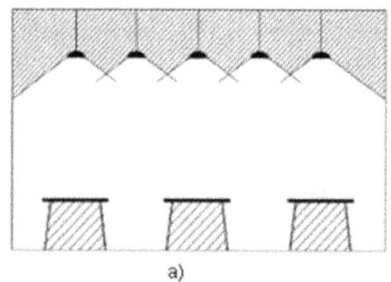 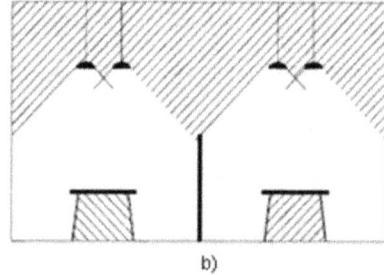

Alumbrado general: a) sin restricción de espacio, b) con restricción de espacio

-Alumbrado localizado. En este caso, el arreglo de las luminarias se diseña para proveer altos valores de iluminación solamente en las áreas de trabajo y en donde se desea destacar los objetos.

Esto hace que deje el resto de la instalación con niveles menores.

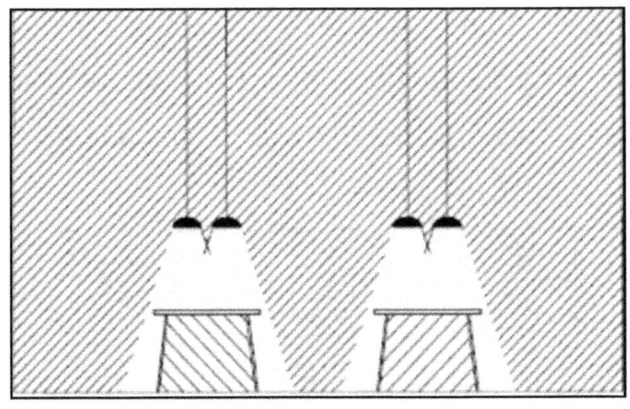

Alumbrado localizado

-Alumbrado general y localizado. Se caracteriza por proporcionar una intensidad relativamente alta en puntos específicos de trabajo, mediante el uso de equipos que empleen un alumbrado localizado combinado con un alumbrado general.

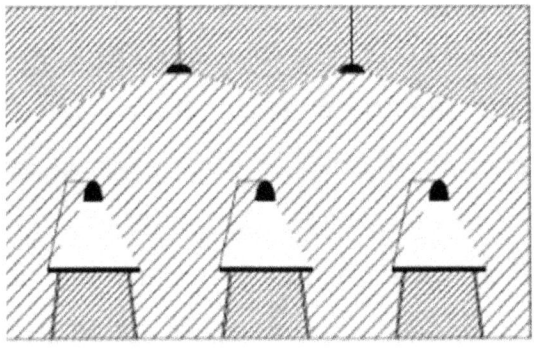

Alumbrado general y localizado

Tabla que resume las características más importantes a tener en cuenta y así podrá ayudar al diseñador planificar el sistema de alumbrado más adecuado.

| Sistema de alumbrado | Disposición de luminarias | Características luminotécnicas |
|---|---|---|
| General | Uniforme | -Altos niveles de iluminación en todo el espacio.<br>-Excelente uniformidad.<br>-Reducción de contrastes y brillos.<br>-Minimiza la proyección de sombras. |
| General (con restricciones de espacio) | Uniforme por sectores | -Alto nivel de iluminación en cada sector.<br>-Excelente uniformidad.<br>-Reducción de contrastes.<br>-Minimiza la proyección de sombras. |
| Localizado | Irregular | -Nivel alto de iluminación sólo en áreas de interés.<br>-Uniformidad baja.<br>-Contrastes elevados.<br>-Puede causar proyecciones de sombra. |
| General y localizado | Uniforme (general) e irregular (localizado) | -Iluminación relativamente alta en áreas de interés.<br>-Uniformidad baja.<br>-Contrastes elevados.<br>-Puede causar proyecciones de sombra. |

Características más importantes de cada sistema de alumbrado

*Elección de las fuentes luminosas*

Para esta etapa de planificación básica, solamente es necesario definir el tipo de lámpara que conviene utilizar dependiendo de las demandas antes descritas en el proceso de análisis del proyecto (visuales o estéticas). En pocas palabras, sólo se decide el tipo de fuente luminosa (incandescencia o luminiscencia) y el tipo de lámpara (incandescente, halógena, sodio de baja o alta presión, fluorescente, etc.) que se va a emplear, tomando en cuenta las características funcionales: rendimiento luminoso (lm/W), temperatura de color (°K), índice del rendimiento del color (IRC) y el tiempo de encendido. En la siguiente tabla se indican algunos requerimientos básicos e indispensables para la selección de las fuentes con respecto al diseño deseado:

| Características de las fuentes luminosas. | Requerimientos o factores de diseño a tener en cuenta. |
|---|---|
| Rendimiento luminoso (lm/W) | - Tiempo diario de funcionamiento.<br>- Uso racional de la energía. |
| Temperatura de color (°K) | - Necesidades de ambientación.<br>- Demanda visual. |
| Índice del rendimiento del color (IRC) | - Demanda estética.<br>- Reproducción de colores.<br>- Apariencia de objetos. |
| Tiempo de encendido | - Tiempo de puesta en servicio de la iluminación.<br>- Requerimientos de mantenimiento. |

Factores de diseño para la selección de la lámpara en el proceso de planificación básica

Por lo tanto, el procedimiento recomendado para una selección preliminar de la lámpara más adecuada según el criterio del proyecto es el siguiente:

1- Simultáneamente, se deberá seleccionar aquellas lámparas que cumplan con los requerimientos básicos según las demandas y las recomendaciones según las distintas aplicaciones existentes. Por lo tanto, se elegirán aquellas lámparas que cumplan con los valores del índice de rendimiento de color (IRC), la temperatura de color (Tc) recomendada y la aplicación requerida.

Por lo general se recomienda no utilizar lámparas con un índice de rendimiento de color menor a 80% en espacios interiores donde trabajen personas durante un largo tiempo.

2- De aquellas lámparas que cumplieron con las características mencionadas, se procede a seleccionar aquellas que presenten el mayor rendimiento luminoso (lm/W), ya que cuando más grande sea ésta, menor será el consumo energético para conseguir la misma iluminación.

Se recomienda que sólo se elijan máximo tres lámparas (por practicidad), de las tantas seleccionadas en el procedimiento anterior y así poder comparar entre ellas otros parámetros y criterios que serán aplicados en otros procesos.

Las especificaciones técnicas (potencia, forma, tamaño, modelo, vida útil, etc.) se considerarán luego, ya que la selección definitiva de la lámpara se realiza en dos procesos distintos junto con la selección de la luminaria.

*Planificación básica empleada en iluminación deportiva (exteriores)*

El objetivo principal de iluminar áreas deportivas es ofrecer un ambiente adecuado para la práctica y disfrute de cada uno de los jugadores y el público. Ya que existen distintas actividades deportivas practicadas al aire libre, las exigencias lumínicas y requisitos básicos variarán según el tipo y actividad de deporte (amateur, profesional, universitario, etc.), el tipo de instalación y el tipo de clase (recreo, entrenamiento o competición).

*Datos de entrada en iluminación de exteriores para espacios deportivos*

A partir del proceso de análisis del proyecto, es necesario establecer los parámetros y dimensiones del área a iluminar, los niveles de iluminación requeridos según el tipo de deporte y la altura en el cual dichos niveles de iluminación serán calculados (altura del plano). A diferencia de una instalación de iluminación de interiores, las reflectancias de las superficies no tienen importancia. En tal caso, sólo servirían para actividades deportivas practicadas en interiores.

*A continuación se describe cada uno indicando el orden del procedimiento:*

1- Dimensiones de las áreas: Dependiendo del tipo de deporte, podría existir tres tipos de áreas esenciales las cuales describen dos áreas distintas de juego y un área que establece la frontera o el "fuera". Las primeras dos indican que el área total del juego puede dividirse en dos, ya que presenta un Área Principal de Juego (PPA, del inglés Primary Playing Area) y un Área Secundaria de Juego (SPA, del inglés Secondary Playing Area). Béisbol ("infield" y "outfield") y Tenis son dos deportes típicos que tienen esta característica. Pero todo deporte tiene un Área de Frontera (BA, del inglés Boundary Area), lo cual indica hasta donde el deporte "sigue en juego" o indica el área total del campo deportivo. Por lo tanto, se debe disponer de planos o plantillas del área a iluminar, para determinar las longitudes (m) y anchos (m) necesarios para obtener las distintas áreas ($m^2$).

2- Altura del plano de trabajo: Esta altura puede variar según el tipo de deporte y las exigencias que llevan cada uno de ellos. Por lo general, estas alturas ya están determinadas y tabuladas. Para efectos de diseño, se puede establecer un plano de trabajo "tipo" a una altura de 1 metro del piso.

3- Nivel de iluminación: La "Illuminating Engineering Society of North America (IESNA)" efectúa una clasificación para determinar los criterios de iluminación en el ámbito deportivo. Los niveles de iluminación se clasifican según la CLASE y la actividad del deporte. A medida en que el juego tienda a ser más profesional y es visto por más espectadores, los niveles de iluminación son mayores y más exigentes.

*Elección del sistema de alumbrado en iluminación deportiva (exterior)*

La elección del sistema de alumbrado para espacios deportivos determinará la distribución y el emplazamiento de los postes para iluminar dicha área. En la práctica, la ubicación de los postes y el tipo de sistema se determina a partir de la arquitectura y la disposición del lugar. Existen varios sistemas de alumbrado para los distintos deportes, siendo la mayoría practicados en campos rectangulares. Un buen ejemplo de sistemas de alumbrado para campos rectangulares son aquellas condiciones que son necesarias para el Fútbol o juegos similares. A continuación se describe los tres distintos sistemas más utilizados hoy en día.

-Sistema de alumbrado lateral: Se puede disponer de 1, 2, 3 y 4 postes por banda, dependiendo de las dimensiones del área o la clase y actividad del deporte. Los pequeños campos de entrenamiento pueden iluminarse algunas veces desde un solo lado. A medida que el nivel de iluminación sea mayor o la clase del deporte sea más exigente, se recomienda colocar más postes ya que los números de proyectores serán mayores.

-Sistema de alumbrado por esquinas: Se disponen de 4 postes, uno en cada esquina. Generalmente se utiliza este sistema cuando la arquitectura del lugar impide colocar un sistema lateral o para impedir el obstáculo de las tribunas por los postes laterales.

-Sistema de alumbrado mixto: Habrá ocasiones donde los lugares resultan ser difíciles de iluminar suficientemente desde las 4 esquinas. Es por eso que se puede emplear, si la arquitectura lo permite, un sistema mixto entre el sistema lateral y por esquinas.

*Elección de las fuentes luminosas para áreas deportivas*

El proceso de selección de las fuentes luminosas en áreas deportivas es igual al proceso descrito anteriormente para un proyecto de iluminación de interiores. De acuerdo a las características dadas y demandas necesarias en el proceso de análisis de proyecto, se determina la fuente luminosa y el tipo de lámpara a emplear. Por lo general, en proyectos de iluminación deportiva, las lámparas de descarga de alta densidad son las más recomendables para esta aplicación. Entre ellas, las de halogenuros metálicos (Metal Halide) son las más usadas cuando se requiere un nivel de iluminación por encima de los 300 lux. De lo contrario, se recomienda instalar lámparas halógenas y las de vapor de mercurio para las tribunas o gradas. En cuanto a las percepciones del color y los objetos, la apariencia del color de la luz emitida (temperatura de color) debe estar por encima de los 4000 °K y el rendimiento de color de la luz (IRC) debe superar un índice de 65. A continuación se presenta una tabla que indica los valores mínimos recomendables de IRC para cada actividad.

**Manual de Luminotecnia**  *Ing. Miguel D'Addario*

| ACTIVIDAD | IRC |
|---|---|
| *ACTIVIDAD RECREACIONAL* | -------------------- |
| Entrenamientos | ≥ 20 |
| Deportes no competitivos | ≥ 20 (preferible = 65) |
| Competición nacional | ≥ 65 |
| *ACTIVIDAD PROFESIONAL* | -------------------- |
| Entrenamientos | ≥ 65 |
| Competición nacional | ≥ 65 |
| Competición internacional y torneos | ≥ 65 |
| TV nacional | ≥ 65 (preferible = 90) |
| HDTV | ≥ 65 (preferible = 90) |

Valores mínimos recomendables de IRC
según la actividad deportiva

*Diseño Detallado*

En esta etapa, en función del perfil definido en la fase de planificación básica, se comienza a resolver los aspectos específicos del proyecto, estos comprenden: la selección preliminar de la luminaria, el tipo y altura de montaje, la preselección del equipo (lámpara-luminaria), el número preliminar de luminarias a emplear y las ubicaciones de los puntos de medición.

*Selección preliminar de la luminaria*

El mercado ofrece una amplia variedad de luminarias que permiten satisfacer, prácticamente, cualquier tipo de demanda. Sin embargo, se debe tener en cuenta a primera instancia, que las luminarias deben ser seleccionadas preliminarmente de acuerdo a la aplicación, los aspectos fotométricos, el tipo de lámpara y las condiciones del ambiente de trabajo. Esto significa que una vez definido las principales características, el universo de luminarias disponibles se reduce. Por lo tanto, éstas se seleccionan según las distintas clasificaciones en el orden indicado:

1. Seleccionar las luminarias según el tipo de iluminación: Interiores o exteriores.

2. Seleccionar las luminarias según el tipo de aplicación: Alumbrado público, industrial, deportivo, áreas decorativas, áreas extensas, etc.

3. Seleccionar las luminarias según el tipo de lámpara: Seleccionar aquellas luminarias compatibles con la preselección de las lámparas en el proceso anterior.

4. Seleccionar las luminarias según su distribución luminosa: Seleccionar aquellas luminarias según la distribución espacial de luz, recomendadas por la CIE y el sistema de alumbrado elegido.

5. Seleccionar las luminarias según su grado de protección: Contra el ingreso de polvo, humedad y cuerpos extraños. De aquí se determina si la luminaria

debe ser de abierta, ventilada, cerrada, hermética, etc.

6. Seleccionar las luminarias según su tolerancia térmica: Determinar la máxima temperatura de operación según las condiciones del ambiente.

7. Seleccionar las luminarias según sus dimensiones físicas: Deben concordar con las dimensiones del área y otras luminarias.

*Establecer el tipo y altura de montaje de las luminarias*

Por lo general, las alturas de montaje de las luminarias quedan definidas por las características de la arquitectura o incluso por el cliente. Muchas veces se puede jugar con las alturas, pero hay casos donde existen restricciones, por ejemplo: estructuras, puentes, grúas, etc. A continuación se presenta los métodos de cálculo para ambas aplicaciones.

*Tipo y altura de montaje para iluminación de interiores*
A partir de la selección de la luminaria según la distribución del flujo luminoso, las alturas de suspensión se determinan usando las siguientes recomendaciones, con la ayuda de la siguiente figura:

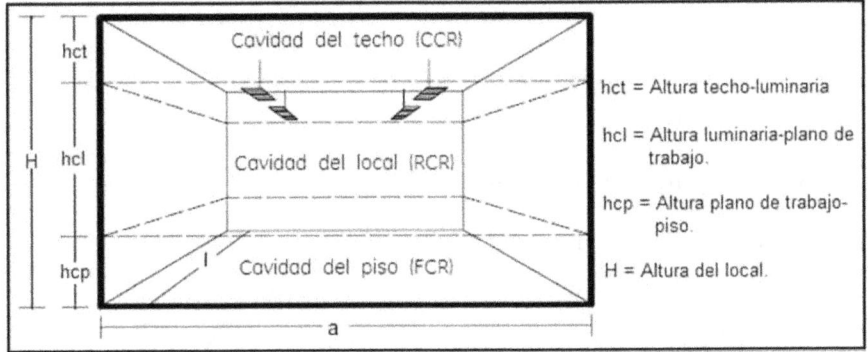

Gráfica indicativa de alturas de un local

*Locales con iluminación directa, semi-directa y difusa:*

$$Minimo: \quad hct = \frac{1}{3} \cdot (H - hcp)$$

$$Optimo: \quad hct = \frac{1}{5} \cdot (H - hcp)$$

*Locales con iluminación indirecta:*

$$hct = \frac{1}{4} \cdot (H - hcp)$$

Una vez hallado la altura de suspensión se determina la altura de montaje (hcl).

Las alturas de montaje también pueden ser determinados a partir de diagramas los cuales consideran las alturas apropiadas para evitar los efectos de deslumbramiento.

*Tipo y altura de montaje para iluminación deportiva*
Para determinar la posición y la altura de los postes o luminarias, hay que considerar a primera instancia el efecto del deslumbramiento. Para controlarlo, se puede considerar que la altura mínima aceptable de los postes está determinada cuando la dirección de los ojos de dicho jugador en el centro del área de juego (principal o secundaria) forme un ángulo de 20° con la horizontal y 75° cuando éste se encuentra en el borde del campo.

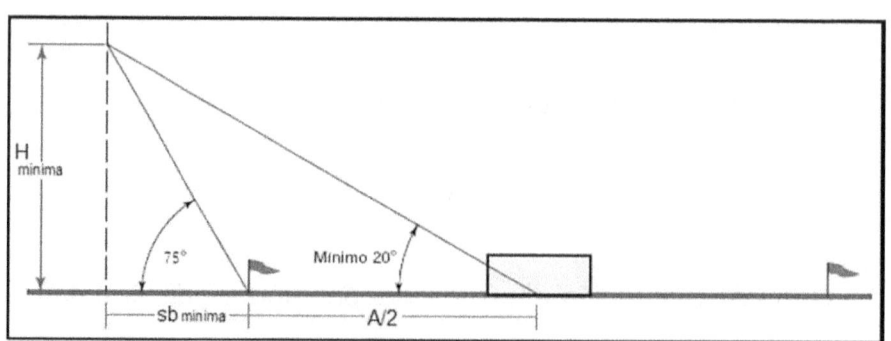

Cálculo de altura y distancia mínima en un campo de fútbol con un sistema de alumbrado lateral

De la figura, la variable "$H_{mínima}$" indica la altura mínima del poste, "A" el ancho del área de juego "sb$_{mínima}$" (del inglés, Setback) indica la distancia mínima entre el poste y el borde del campo.

A partir del sistema de ecuaciones, podemos hallar las variables de interés:

$$\begin{cases} Tag(20°) = \dfrac{H_{mínima}}{(A/2 + sb_{mínima})} \\ Tag(75°) = \dfrac{H_{mínima}}{sb_{mínima}} \end{cases} \Rightarrow$$

$$\begin{cases} H \geq Tag(20°) \cdot (A/2 + sb) \\ sb \geq \dfrac{A/2 \cdot Tag(20°)}{Tag(75°) - Tag(20°)} \end{cases}$$

Las alturas y Setbacks de los postes pueden también ser hallados por medio de tablas que especifican los valores precalculados para los distintos tipos de deporte y también diferentes configuraciones de diseño de campos deportivos.

*Selección preliminar del equipo (lámpara-luminaria)*

La selección preliminar del equipo consiste en tomar una decisión en función de la preselección de las lámparas y las luminarias realizada en procesos anteriores.

Por lo tanto, los equipos se seleccionan según las clasificaciones mencionadas a continuación:

1. Selección del equipo según la altura de montaje. Existen luminarias especiales para bajas alturas (0 a 8 m) y para alturas altas (mayores de 6 m).

2. Selección del equipo según la potencia (W) más adecuada.

Este factor también se determina a partir de la altura de montaje establecida.

En caso en que haya lámparas del mismo modelo pero con distintos vatios, se debe seleccionar aquella que posea una mejor vida útil (horas) y un mejor rendimiento luminoso (lm/W).

**Manual de Luminotecnia**   *Ing. Miguel D'Addario*

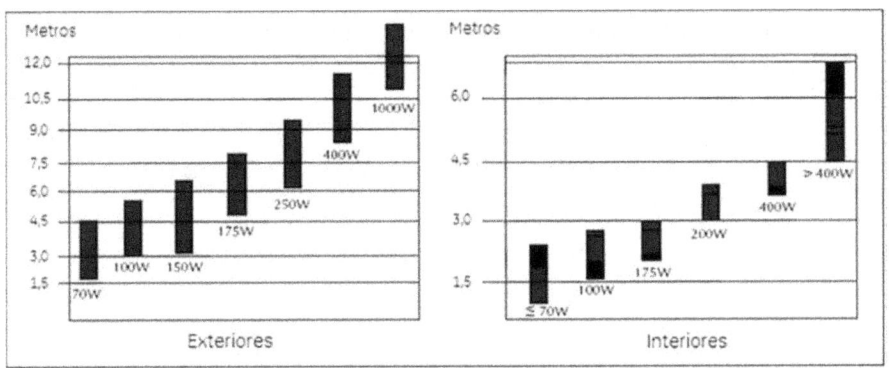

Vatios recomendados según la altura de montaje
para el tipo de iluminación

Selección del equipo según la fotometría más adecuada. Se establecen los siguientes criterios de selección para ambos tipos de iluminación:

-Para interiores: Se eligen de acuerdo a la representación gráfica más adecuada para iluminar el objetivo. Generalmente por medio de los diagramas polares y sus simetrías.

-Para exteriores: Se eligen de acuerdo a la clasificación según la apertura del haz (NEMA) del proyector dependiendo de la distancia de proyección (dp). La distancia de proyección se determina a partir del criterio de evitar el efecto de deslumbramiento. Los proyectores deben tener una inclinación menor a un ángulo de 70° con su vertical. Por lo tanto, a primera instancia se puede asumir una inclinación de 65°.

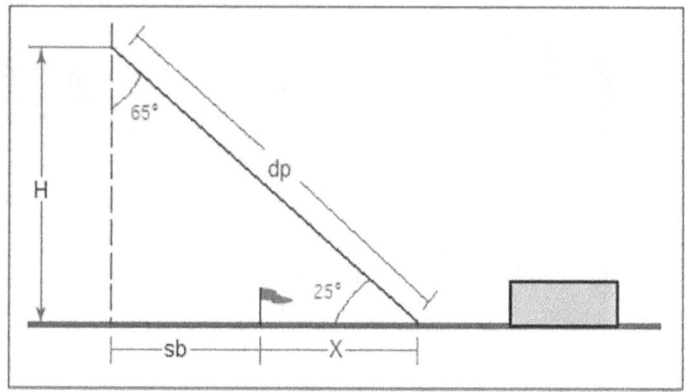

Distancia de proyección

De la figura, podemos hallar la distancia de proyección (dp) de la siguiente manera:

$$\begin{cases} X = \dfrac{H}{Tag(25°)} - sb \\ \\ dp = \sqrt{(sb+X)^2 + (H)^2} \end{cases}$$

Una vez hallado la distancia de proyección, se determina el NEMA del proyector.

*Métodos de cálculo*

En todo proyecto de iluminación, los cálculos se realizan por medio de dos métodos principales llamados el método de lúmenes y el punto por punto. En el método punto por punto, los cálculos son más exactos, pero también es más laborioso, ya que en cada punto de medición se debe considerar la contribución de cada luminaria de forma individual. Por estas razones, la aplicación manual de este método es prácticamente posible sólo si el número de puntos y luminarias no es grande. De lo contrario, se debe recurrir a programas especializados por computadora, ya que éstos utilizan este método para los cálculos de iluminación. El método de lúmenes sirve para determinar la iluminancia media sobre una superficie (plano de trabajo) y está basado principalmente en la Ley Fundamental. A partir de la definición de Iluminancia y en la Ley Fundamental, se determina la expresión básica para este método:

$$E = \frac{\phi_T}{Area} = \frac{\phi_T}{(a \cdot l)}$$

dónde:   E = Nivel de iluminación (lux).

Φ = Total de lúmenes incidentes sobre una superficie (lm).

$a$ = Ancho del área (m)

l = Longitud del área (m)

Este valor tendrá modificaciones en lo que se refiere al flujo luminoso total ($\varphi_T$), ya que éste será afectado por los factores relacionados con la eficiencia de la luminaria, como son el factor de utilización ($f_u$) y el factor de mantenimiento ($f_m$) dichos factores queda de la siguiente manera:

$$E_{med} = \frac{\phi_T \cdot f_u \cdot f_m}{Area} \quad (lux)$$

*Método de lúmenes para proyectos de iluminación de interiores*

Este método es utilizado para estimar el número de unidades de alumbrado para producir una iluminación promedio considerada en un local. Por lo tanto, para utilizar este método en la resolución del diseño de alumbrado de interiores, se debe tener en cuenta el siguiente procedimiento:

*1er Paso:*

-Determinar el Factor de utilización ($f_u$). Normalmente es proporcionado por los fabricantes y depende de dos variables: las reflectancias de las superficies y las dimensiones de dicho espacio. Una vez obtenido cada una de las variables de la dimensión del área, se procede a calcular las relaciones numéricas que caracterizan la geometría del espacio a considerar (cavidades), conocidas como índices de cavidad (k). A continuación se muestra, como se calcula cada uno de los índices para cada una de las distintas cavidades:

Relación de Cavidad del Techo: $$CCR = 5 \cdot hct \cdot \frac{(l+a)}{(l \cdot a)}$$

Relación de Cavidad del Local: $$RCR = 5 \cdot hcl \cdot \frac{(l+a)}{(l \cdot a)}$$

Relación de Cavidad del Piso: $$FCR = 5 \cdot hcp \cdot \frac{(l+a)}{(l \cdot a)}$$

Una vez conocido las reflectancias de las superficies del área y conociendo la relación de cavidad del local (RCR) previamente calculada, podemos encontrar el factor de utilización en las tablas de las luminarias suministradas por el fabricante. Además, los valores de las tablas son lineales, por lo tanto se pueden hacer interpolaciones para obtener valores exactos para diferentes combinaciones de reflectancias e índices de cavidad.

*2do Paso:*

-Determinar el Factor de mantenimiento ($f_m$). Este factor es igual al producto de los tres factores parciales de pérdida de luz que han sido nombrados y descritos en el capítulo anterior. Dichos factores parciales se determinan de la siguiente manera:

La depreciación del flujo de la lámpara (FDF). Se puede determinar de dos maneras distintas dependiendo de la información disponible:

- Por medio del producto de los cuatro factores principales que afectan el flujo de la lámpara, los cuales son: posicionamiento de la lámpara, temperatura del ambiente, voltaje suministrado y el tipo de equipo auxiliar. Se toma en cuenta una estimación de la variación porcentual con respecto a su valor nominal de dicho factor.
- Dividiendo los lúmenes medios entre los lúmenes iniciales de la lámpara. Éstos son datos esenciales suministrados por el fabricante.

La depreciación de la luminaria (FDS). Está relacionada con el tipo de luminaria en función de su hermeticidad y la suciedad que se acumula en ella. Se puede estimar empleando el uso de tablas. Por efectos de cálculo, se recomienda tomar en cuenta los peores casos posibles.

La depreciación por suciedad sobre las superficies del local (FDR). Está relacionada con la reducción del flujo luminoso reflejado en el plano de trabajo debido a la acumulación de sucio en las superficies del local. Este factor se determina de la siguiente manera:

- Se determina si el ambiente es muy limpio, limpio, medio, sucio o muy sucio, y también el tiempo que ocurre entre cada limpieza del local (en meses).
- Con los datos anteriores, se determina la depreciación por suciedad esperada (en por ciento).
- Ya conocida la depreciación esperada, el tipo de distribución lumínica (directa, semi-directa, etc.) y la relación de cavidad del local (RCR). Una vez obtenido cada uno de los factores, se procede a calcular el factor de mantenimiento:

*Factor de mantenimiento:* $\qquad f_m = (FDF \cdot FDS \cdot FDR)$

*3er Paso:*

-Determinar el número de luminarias (N). Una vez calculado y determinado los datos de entrada, los factores y los parámetros de los equipos (lámpara-luminaria) seleccionados en los procedimientos anteriores, se determinan el número aproximado de luminarias necesarias para emitir la iluminación

**Manual de Luminotecnia**  *Ing. Miguel D'Addario*

deseada. Tomando en consideración que el flujo luminoso total proviene de una o varias luminarias y que cada una de ellas posee una o más lámparas, entonces se deduce que:

$$\phi_T = N \cdot \phi_L \cdot n \quad (lm)$$

donde:  $\phi_T$ = Total de lúmenes incidentes sobre una superficie (lm).

N = Número de luminarias

$\phi_L$ = Lúmenes por lámpara *(lm)*

*n* = Número de lámparas por luminaria

El número de luminarias de una instalación de interiores se calcula mediante la siguiente expresión:

*Número de luminarias:* $\quad N = \dfrac{E_{med} \cdot (l \cdot a)}{n \cdot \phi_L \cdot f_u \cdot f_m}$

donde,  $E_{med}$ = Nivel de iluminación medio (*lux*

*a* = Ancho del local (m)

*l* = Longitud del local (m)

*n* = Número de lámparas por luminaria

$\phi_L$ = Lúmenes por lámpara *(lm)*

$f_u$ = Factor de utilización

$f_m$ = Factor de mantenimiento.

*Método de lúmenes para iluminación de exteriores empleando proyectores (Método del lumen del haz)*

En este caso se utiliza un método muy semejante al método de los lúmenes usado para el cálculo de la iluminación de interiores. Se llama el método del lumen del haz, y tiene como objetivo determinar el número de proyectores necesarios para emplear un nivel de iluminación adecuado en una zona dada.

Por lo tanto, para determinar el número de proyectores en una instalación se debe seguir los siguientes pasos:

*1er Paso:*

-Determinar el coeficiente de utilización del haz (CBU). Este factor depende de distintas variables que han sido determinadas en procesos anteriores, tales como: el sistema de alumbrado seleccionado, las características fotométricas del proyector pre-seleccionado, las propiedades lumínicas de la lámpara, las dimensiones de las distintas áreas de interés, las alturas de los postes y los Setbacks. A continuación se presenta el procedimiento y el orden para determinar dicho factor:

Dependiendo del sistema de alumbrado y el área de interés (PPA o SPA), se debe colocar un poste a una distancia del borde de dicha área (sb) con su respectiva altura (H). La siguiente figura muestra un ejemplo de lo antes descrito, siendo ABCD los puntos referenciales del área a iluminar, FO la altura del poste y OL el Setback.

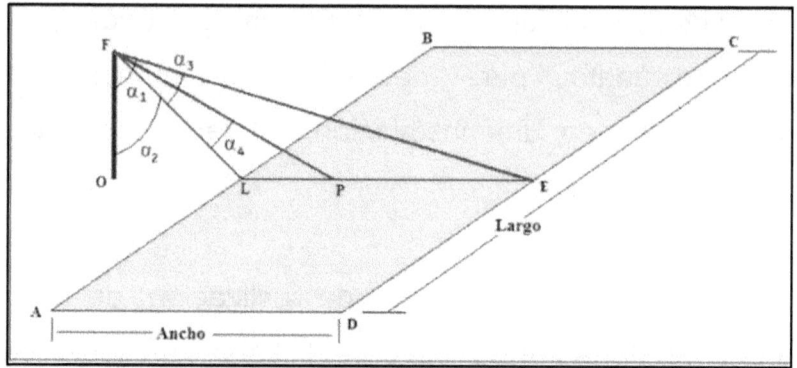

Posición de un poste con respecto a un área
y los puntos de referencia para los cálculos

Inicialmente, para simplificar los cálculos, se puede asumir que la luminaria colocada en el poste sólo "derramará" luz por su eje vertical y no por su horizontal (en el área). Por lo tanto, se debe hallar el ángulo respectivo que determina los "lúmenes útiles" derramados en el área.

En este caso, según la figura anterior estaríamos hallando el ángulo "$α_3$", donde:

$$\alpha_1 = Tag^{-1}(\frac{OE}{FO}) \implies Tag^{-1}(\frac{SB + Ancho\ del\ area}{H})$$

$$\alpha_2 = Tag^{-1}(\frac{OL}{FO}) \Rightarrow Tag^{-1}(\frac{SB}{H})$$

entonces,

$$\alpha_3 = \alpha_1 - \alpha_2$$

Una vez calculado "$\alpha_3$", podemos asumir que el haz central del proyector será apuntado en un punto del área (P), de tal manera que el ángulo de derrame ($\alpha_3$) sea dividido entre dos.

Esto genera un ángulo lo cual se denominará como "$\alpha_4$" y así se podrá determinar la totalidad de lúmenes útiles derramados por encima (+$\alpha_4$) y por debajo (-$\alpha_4$) del haz central del proyector.

$$\alpha_4 = \frac{\alpha_3}{2} = \frac{\alpha_1 - \alpha_2}{2}$$

Por medio de la distribución lumínica del proyector (dato suministrado por los fabricantes), se procede a realizar una tabla especificando la acumulación de los lúmenes por encima y por debajo del centro del haz. Siendo el centro del haz el punto P (0°). Es importante notar que los fabricantes suministran la distribución lumínica solo de un lado (derecha o izquierda) del proyector, por lo tanto, se duplica los valores para obtener ambos lados.

Se procede a elaborar una gráfica que indique la relación entre los lúmenes acumulativos y los lúmenes totales de la lámpara en función de los ángulos. Dicha relación expresa el coeficiente de utilización, pero no debemos olvidar que anteriormente hemos asumido que los lúmenes sólo se derramarán por el eje vertical y no por el horizontal. Por lo tanto, dicha relación definirá lo que se llama un coeficiente de utilización preliminar (CBU*). A partir de la gráfica, se puede determinar cuál será el coeficiente de utilización por encima (CBU$^+$) y debajo (CBU$^-$) del haz central del proyector. Por lo tanto, el coeficiente de utilización preliminar es igual a la suma de ambos coeficiente.

$$CBU* = CBU^+ + CBU^-$$

Para hallar el coeficiente de utilización del haz, se debe multiplicar el coeficiente de utilización preliminar por un factor. Esto se debe a que se asumió que los lúmenes sólo se derramarán por el eje vertical, lo cual es falso. Dicho factor se llama el factor de ajustamiento (AAF, del inglés Application Adjustment Factor), lo cual depende del NEMA seleccionado y la relación entre el ancho del área visto desde el proyector (W) y la mínima distancia entre dicho proyector y el borde de dicha área. Esta relación viene dada por un factor llamado factor del campo (FF, del inglés Field Factor).

$$FF = \frac{W}{\sqrt{H^2 + SB^2}}$$

Donde,      $FF$ = Factor del campo

              $W$ = Ancho del área visto desde el proyecto ($m$)

              $H$ = Altura de la luminaria o poste ($m$)

              $sb$ = Setback ($m$)

Es importante notar que según la figura anterior, el ancho del área vista desde el proyector es igual a la longitud del área (AB). A partir de la siguiente tabla se puede determinar el factor de ajustamiento (AAF).

| Factor del campo (FF) | Apertura Horizontal del Haz (NEMA) | | |
|---|---|---|---|
| | Estrecho (1 & 2) | Medio (3 & 4) | Estrecho (5, 6 & 7) |
| ≥ 4,5 | 0,95 | 0,85 | 0,80 |
| 3,0 a 4,4 | 0,90 | 0,80 | 0,75 |
| 2,0 a 2,9 | 0,85 | 0,75 | 0,70 |
| ≤ 1,9 | 0,75 | 0,65 | 0,55 |

Valores del factor de ajustamiento (AAF)

Una vez determinado el coeficiente de utilización preliminar (CBU*) y el factor de ajustamiento (AAF), se procede a calcular el coeficiente de utilización del haz. Siendo éste el producto de ambos:

$$CBU = CBU *\cdot AAF$$

*2do Paso*

-Determinar el factor de mantenimiento ($f_m$). Para compensar la disminución gradual de iluminación en una zona alumbrada con proyectores, sólo se toma en cuenta dos de las tres consideraciones antes mencionadas para el cálculo de iluminación de interiores, las cuales son: Depreciación del flujo de la lámpara (FDF) y Depreciación de la luminaria (FDS). Por lo tanto, el factor de mantenimiento para proyectos de iluminación proyectores se expresa así:

$$f_m = (FDF \cdot FDS)$$

*3er Paso*

-Determinar el número de proyectores ($N_P$). A partir de la ecuación general del método de los lúmenes, podemos determinar el número de proyectores necesarios para un proyecto de iluminación en espacios externos. Por lo tanto, al sustituir las variables antes mencionadas junto con los datos de entrada y considerando que el número de lámparas por luminaria (n) son igual a uno, obtenemos la ecuación general del método del lumen del haz:

$$N_P = \frac{E_{med} \cdot Area}{\phi_{Haz} \cdot CBU \cdot f_m}$$

donde:  $N_P$ = Número de proyectores

$E_{med}$ = Nivel de iluminación medio (*lux*)

$Área$ = Superficie a iluminar (m$^2$)

$\phi_{Haz}$ = Lúmenes del haz (*lm*)

$CBU$ = Coeficiente de utilización del haz

$f_m$ = Factor de mantenimiento

*Distribución y espaciamiento del sistema de montaje*
Una vez calculado el número de luminarias a instalar, se procede al diseño geométrico y sistema de montaje. Para realizar esto, hay que tomar en cuenta no solo la cantidad de luminarias sino también otros factores que han sido elegidos y descritos anteriormente, como son: el sistema de alumbrado elegido, el tipo de luminaria y el diseño o geometría del área a iluminar. A continuación se describe el procedimiento para realizar una distribución y diseño

del montaje de las luminarias o postes, dependiendo de la aplicación seleccionada.

*Sistema y diseño de montaje de luminarias para iluminación de interiores*

*1er Paso*

-Determinar el espaciamiento máximo entre luminarias. Para conseguir una buena distribución de iluminación en un área, es recomendable no excederse de ciertos límites de distancia. Esta distancia depende del ángulo de apertura del haz de luz de la luminaria y la altura de ésta sobre el plano de trabajo (hcl). Por lo tanto, para conseguir el espaciamiento máximo, habrá que multiplicar la altura de montaje por una constante que define la máxima relación de distancia por altura. Esta constante se expresa como SC (del inglés, "Spacing Criteria") y generalmente es suministrado por los fabricantes de luminarias.

Entonces, para obtener el espaciamiento máximo entre luminarias se tiene la siguiente expresión:

$$Espaciamiento \; máximo = SC \times hcl$$

*2do Paso*

-Número de luminarias a lo largo y a lo ancho del área. Para el caso de alumbrado general o alumbrado general y localizado, las luminarias son generalmente distribuidas uniformemente sobre la planta del área determinada del local.

Para locales con planta rectangular, las luminarias se deben repartir paralelamente a los ejes de simetría de dicho local empleando las siguientes expresiones:

$$N_{ancho} = \sqrt{\frac{N}{l} \cdot a} \quad y \quad N_{largo} = N_{ancho} \cdot \left(\frac{l}{a}\right)$$

donde:  $N_{ancho}$ = Número de luminarias a lo ancho del área

$N_{largo}$ = Número de luminarias a lo largo del área

l = Longitud del local o área (m)

a = Ancho del local o área (m)

No siempre las expresiones anteriores arrojan números enteros, por lo que es necesario aproximar cada resultado al inmediato superior o inferior, de tal manera que el producto entre ellos sea igual o mayor al número de luminarias antes calculadas (N).

*3er Paso*

-Determinar la colocación de las luminarias. La posición y distribución de las luminarias dependen principalmente de las características del techo y los espacios del local. Por lo general, las distancias entre las luminarias se determinan dividiendo la longitud del local (*l*) entre el número de luminarias de una fila ($N_{largo}$), dando una tolerancia de un medio (1/2) de dicha distancia entre la pared y la primera o última luminaria. También, la distancia entre filas (y) es la anchura del local (α) dividida por el número de filas ($N_{ancho}$).

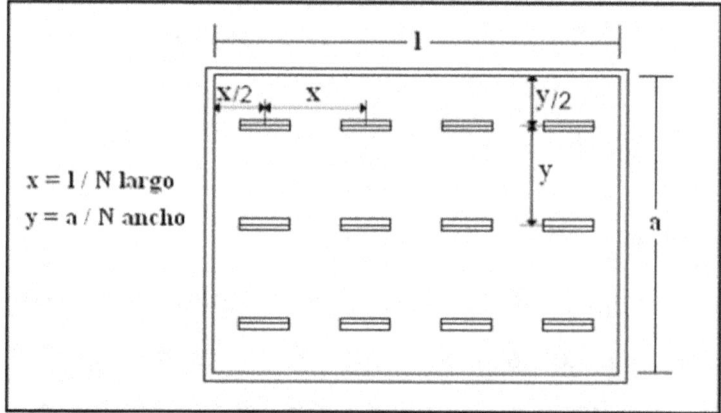

Distribución de luminarias de un sistema de alumbrado general en una planta.

Para un sistema de alumbrado localizado, las luminarias se deben colocar en los sectores donde se necesitan mayores niveles de iluminación. La iluminación del resto del ambiente se realiza con la luz dispersada del alumbrado localizado, o por medio de un alumbrado general y localizado con las luminarias colocadas uniformemente como antes descrito.

Una vez calculado las posiciones de las luminarias, se debe comprobar que la separación entre ellas es igual o menor que el espaciamiento máximo. En caso de que sea mayor, pues entonces indica que la distribución luminosa obtenida no será uniforme y los niveles de iluminación no serán alcanzados. Por lo tanto, será necesario realizar nuevamente los cálculos utilizando lámparas de menores lúmenes ($\varphi_L$) o menor potencia (W). También se puede realizar los cálculos utilizando luminarias con menos lámparas o simplemente instalando más luminarias.

*Sistema y diseño de montaje de luminarias para iluminación deportiva*
*1er Paso*
-Determinar la posición de los postes. La posición de los postes va a depender en primera instancia de la forma geométrica del área, y luego del sistema de alumbrado, los Setbacks y la cantidad de postes. No

obstante, los postes y luminarias deberían colocarse en ciertos lugares donde eviten efectos de deslumbramiento directo en los jugadores.

*2do Paso*

-Determinar el número de proyectores por poste. Una vez determinado el número de postes ($N_{postes}$), "inicialmente" el número de luminarias por poste viene dado al dividir el número de luminarias ($N_p$) entre el número de postes:

$$N_p / poste = \frac{N_p}{N_{postes}}$$

No siempre la expresión arroja números enteros, por lo tanto se debe redondear al inmediato superior o inferior.

*3er Paso*

-Determinar la orientación y direccionamiento de los proyectores. La orientación y dirección de los proyectores se basa principalmente en la ubicación del haz central del proyector sobre un determinado punto de un área.

Los proyectores serán "apuntados" inicialmente siguiendo los pasos indicados a continuación:

1- El área de juego se divide simétricamente en igual número de postes. De este modo, cada poste tendrá la función de iluminar su área adyacente (sub-áreas).

2- Los haces centrales de los proyectores deben tener una inclinación (α) de 65° con respecto a su vertical. Esto se debe a lo que se asumió en procesos anteriores para la preselección lámpara-luminaria según el NEMA elegido. Habrá ocasiones en donde algunos haces no podrán tener dicha inclinación debido a la geometría del área. Por lo tanto, se deben inclinar de tal forma que se encuentren ubicados dentro del sub-área.

3- Los haces centrales serán orientados de tal manera que abarquen todo el ancho del sub-área formando una especie de "abanico". Éstos serán separados equidistantemente en grados (γ):

$$\gamma = \frac{\varphi}{N_p / poste - 1}$$

donde,   γ = Ángulo de separación entre los haces centrales.

φ = Ángulo formado entre ambas esquinas del *sub-área* y el poste

**Manual de Luminotecnia**  *Ing. Miguel D'Addario*

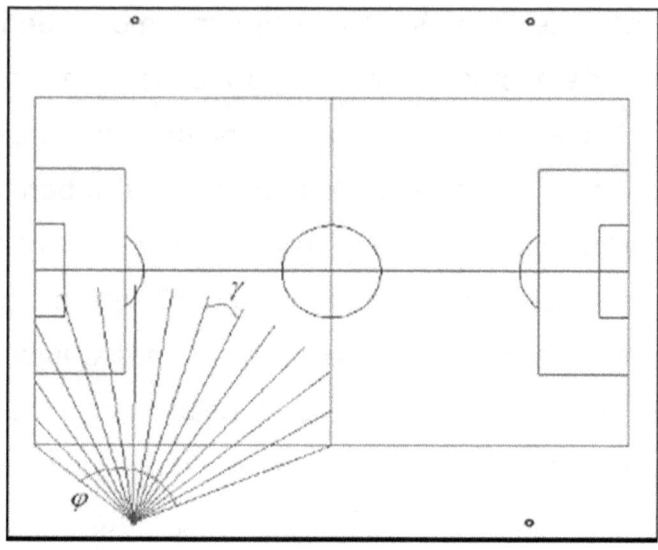

Orientación de proyectores y división de las áreas (4 postes)

## Puntos de medición de iluminancia (matriz de cálculo)

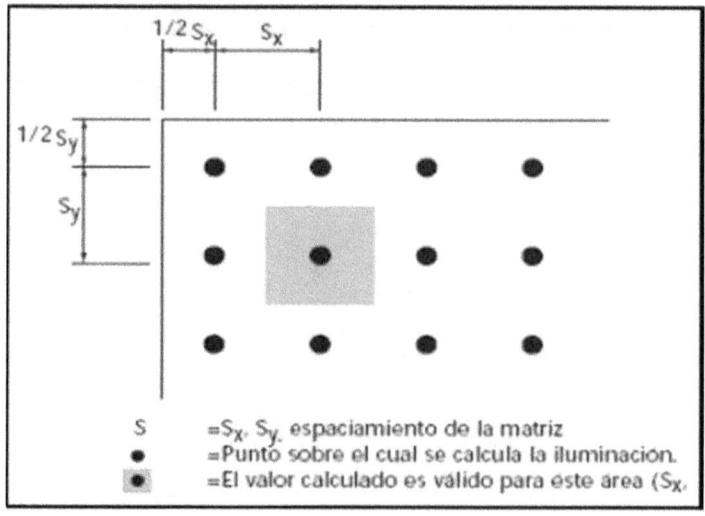

Puntos de medición en un área dada

Estos son los puntos en el cual la iluminancia (lux) va a hacer calculada. La base de esto es dividir el plano de trabajo en varias áreas iguales, cada una de ellas idealmente cuadradas (depende de la geometría). Luego, la iluminancia debe ser medida en el centro de cada área (puntos de medición) a la altura acordada.

En iluminación de interiores, no existe una determinación exacta de la posición de cada punto. Lo importante es que estén localizados de tal manera de obtener niveles deseados en cualquier parte del área. Por lo general, deben estar situados debajo y entre cada luminaria.

*Evaluación posterior*

La etapa de evaluación posterior tiene como objetivo simular (por medio de algún programa especializado en luminotecnia) y luego analizar los resultados del proyecto en términos técnicos y fundamentalmente en términos "económicos". La evaluación técnica implica el análisis de los parámetros y criterios luminotécnicos antes descritos en todos los procesos anteriores, con el fin de evaluar las condiciones de calidad en el plano considerado. Luego del análisis, es preciso tener en cuenta si los equipos seleccionados proporcionan el nivel de iluminación previsto en la planificación del proyecto y cómo varía la iluminación en dicha área (condiciones de uniformidad y varianza). De lo contrario, se deben hacer las correcciones necesarias para que dichos factores de calidad se cumplan.

La evaluación económica por su parte, apunta a evaluar principalmente el factor de costos y la relación entre el número de unidades necesarias para la instalación de alumbrado y el consumo de energía de dichos equipos seleccionados.

*Evaluación de los parámetros de calidad (iluminancia, uniformidad y coeficiente de variación)*

Se debe hacer una evaluación de los parámetros de calidad para ver si cumplen con las especificaciones y recomendaciones dadas.

Estos parámetros no se pueden evaluar de forma independiente, ya que cada uno depende del otro proporcionalmente.

En caso de que haya alguna diferencia en los valores estipulados, se deben seguir las siguientes condiciones y ajustes según sea la aplicación:

*Ajuste de los parámetros de calidad para iluminación de interiores*

La evaluación de dichos parámetros dependerá fundamentalmente del sistema de alumbrado elegido y las configuraciones de montaje y espaciamiento de las luminarias. Los parámetros deben ser evaluados siguiendo los procedimientos que se presentan a continuación:

*1. Condiciones de uniformidad*

En el caso de un sistema de alumbrado general, se recomienda que la uniformidad general en el plano de trabajo no sea inferior a 0,6.

Para el caso de alumbrado general:

$$U_m = \frac{E_{min}}{E_{med}} \geq 0,60$$

En el caso de un sistema de alumbrado general y localizado, el nivel de iluminación en los alrededores debe estar en relación con el nivel existente en el área de trabajo.

Se recomienda que la iluminancia media en las áreas que rodean los trabajos ($E_{med\ áreas}$) no debe ser menor que un tercio del nivel para las áreas de trabajo ($E_{med\ área\ de\ trabajo}$).

Para el caso de alumbrado general y localizado:

$$E_{med\ areas} \geq \frac{1}{3} \cdot E_{med\ area\ de\ trabajo}$$

En caso de que alguna condición anterior se viole, se debe reubicar las luminarias aumentando o disminuyendo las distancias entre ellas, siempre y cuando no se viole el espaciamiento máximo.

*2. Condiciones de niveles de iluminación media*

Una vez obtenido el arreglo, se debe comprobar si la iluminancia media obtenida ($E_{med}$) en dicha instalación diseñada es igual a la deseada. En caso en que no se cumpla, se debe aumentar o disminuir el número de luminarias calculadas.

*Ajuste de los parámetros de calidad para iluminación deportiva (exteriores)*

Una vez seleccionado los proyectores, se debe ajustar los parámetros de calidad (en caso de que sean necesarios) siguiendo el procedimiento que se presenta a continuación:

1- Mejorar la uniformidad en cada sub-área. Primero, se debe aumentar los niveles mínimos de iluminación reubicando los haces hacia los puntos donde indiquen dichos valores. Si no se ha establecido la condición de uniformidad, pues entonces se debe disminuir los niveles máximos alejando los haces de aquellos puntos donde indiquen dichos valores. Otro método para aumentar o disminuir los niveles, es cambiando los NEMAS. Esto depende principalmente de la fotometría de la luminaria. Por lo general, para aumentar los niveles se disminuye el NEMA.

2- Mejorar la uniformidad en el área de juego. Se repite el mismo proceso de reubicación de los haces o cambiando los NEMAS.

3- Mejorar el nivel de iluminación media. Primero se modifican los NEMAS dependiendo de lo que se necesite. Por último, si se desea aumentar el nivel de iluminación, se debe localizar los "puntos mínimos" y colocar un proyector más en el poste adyacente y "apuntar" a dicho punto. Si se desea disminuir los niveles, se localiza los "puntos máximos" y se remueve un proyector del poste adyacente al área del dicho punto.

4- Mejorar el coeficiente de variación. Este coeficiente depende de los valores máximos, mínimos y medios de iluminación. Por lo tanto se ajusta repitiendo los dos primeros procedimientos antes descritos. Los cuatro procedimientos deben repetirse hasta alcanzar las condiciones y los requisitos estipulados según la actividad.

También, es de suma importancia cuando al reubicar los haces de los proyectores, éstos no violen el ángulo de inclinación para los efectos de deslumbramiento.

*Evaluación de la densidad de potencia*

Es definida como la potencia disipada por la instalación (W) por unidad de superficie de dicho ambiente iluminado (m²), y se expresa como UPD (del inglés, Unit Power Density).

Es un índice que indica solamente la eficiencia de una instalación de iluminación en cuanto al consumo energético en un área determinada.

Una vez conocido el número total y definido de luminarias a instalar, se calcula la densidad de potencia de ambas instalaciones a partir de la siguiente expresión:

$$UPD = \frac{N \cdot P_{lu\,min\,aria}}{Area} \Rightarrow \frac{N \cdot (P_{lampara} + P_{E.A})}{Area}$$

donde: $UPD$ = Unidad de densidad de potencia ($W/m^2$)

$N$ = Número de luminarias

$P_{lámpara}$ = Potencia por cada lámpara ($W$)

$P_{E.A}$ = Potencia del equipo auxiliar ($W$)

Área = Área evaluada ($m^2$)

*Selección definitiva del equipo y su distribución*

Realizar una tabla comparativa y un plano del área con la distribución de las luminarias, tomando en cuenta todos los parámetros del local y de los equipos.

Esto permitirá con facilidad realizar una selección definitiva del equipo a emplear para el proyecto y el arreglo del mismo. Al momento de decidir, tomando en cuenta los resultados de los análisis técnicos y económicos, es necesario realizar un balance entre los tres criterios antes mencionados y el costo estimado por luminaria.

Idealmente, se recomienda elegir aquella instalación que presente el nivel de iluminación igual al deseado, la uniformidad igual o mayor al valor previsto, la menor unidad de densidad de potencia y el menor costo por número total de equipos.

# Manual de Luminotecnia  Ing. Miguel D'Addario

## Proyectos y diseños de iluminación

*Iluminación de una sección del galpón de almacenamiento*

Es una empresa que realiza las importaciones y distribuciones directas a todas las tiendas de las líneas y productos ferreteros y del hogar en el país. Actualmente se encuentran en la construcción de la nueva sección de su galpón principal, por lo que era necesario desarrollar un proyecto de iluminación cumpliendo con todas las calidades para este tipo de aplicación. A continuación se describe el proyecto según los procesos y procedimientos antes descritos.

*Análisis del proyecto*

El objetivo del proyecto consiste en iluminar lo mejor posible las zonas de almacenaje (mercancía) y las zonas de circulación para la nueva sección de un galpón de almacenamiento. El tipo de iluminación a emplearse es de interiores con una aplicación industrial.

Se recomienda para esta aplicación (almacenes para productos diferentes) una media reproducción y apariencia de objetos (demanda estética) y un ambiente de color intermedio (demanda visual) para los controles de calidad y verificación de colores. Por lo tanto, estos son las características que debe tener la lámpara:

- Temp. de color (°K): 3100 - 4100  ;  - IRC: 40 - 75

*Planificación básica*

De acuerdo a las especificaciones básicas establecidas en el proceso anterior, se establecen los siguientes perfiles:

*Datos de entrada*

No se pudo obtener los planos del área, por lo que era necesario visitar el galpón y realizar un levantamiento del mismo. Se obtuvieron las medidas más importantes para realizar este proyecto, las cuales fueron:

Altura del galpón (H) = 3,6 m

Ancho zona de circulación (a) = 2,5 m

Longitud (l) = 33,7 m.

La altura del plano debería ser lo suficiente alto para que los trabajadores del galpón puedan cumplir con sus labores y obtener una buena observación detallada de la mercancía. Se asume una altura de 0,75 metros sobre el piso (hcp).

Las superficies del galpón tienen colores oscuros, excepto el techo que será pintado con color gris (claro). Las zonas de circulación no tienen paredes, pero se asume que la pared será la mercancía, por lo que podría considerarse un marrón claro. Por lo tanto, se consideran los siguientes porcentajes de reflectancias:

-Pared (marrón claro): 50%;

-Piso (gris oscuro): 20%;

-Techo (gris claro): 70%

-Para esta aplicación en específico, el nivel de iluminación adecuado a dicha altura de montaje debe ser de 200 lux.

*Elección del sistema de alumbrado*

De acuerdo a la arquitectura del área, el sistema de alumbrado tiene que ser por secciones, ya que las zonas principales a iluminar son las de circulación. Además, se necesitará niveles de iluminación constantes y con la mejor uniformidad posible en el plano de trabajo. Por lo tanto, se elegirá un sistema de alumbrado general por secciones.

**Manual de Luminotecnia**  *Ing. Miguel D'Addario*

*Elección preliminar de las fuentes luminosas*

Se comienza por un proceso de descarte hasta conseguir por lo menos tres tipos de ejemplares.

Según el procedimiento del primer descarte, podemos ver que las siguientes lámparas son aptas para dichas demandas y para una aplicación industrial:

Fluorescente lineal

Fluorescente compacto

Mercurio alta presión

Metal Halide.

De estas lámparas, elegiremos las tres primeras que presenten un mejor rendimiento luminoso (lm/W), siendo:

Fluorescente lineal

Fluorescente compacto

Metal Halide.

Estas son las lámparas más capacitadas para las necesidades de ambientación acordadas y las que mejor eficiencia tienen.

A continuación se observa las principales características de cada una:

**Manual de Luminotecnia**  *Ing. Miguel D'Addario*

| Lámpara | Potencia (W) | Temp. de color (°K) | (lm/W) | (IRC) | Vida útil (h) |
|---|---|---|---|---|---|
| Fluorescente lineal | 14 - 215 | 3500 - 6500 | 54,3 - 103,6 | 60 - 86 | 9000 - 24000 |
| Fluorescente compacta | 9 - 42 | 2700 - 6500 | 52,0 - 76,2 | 80 - 84 | 3000 - 12000 |
| Haluros metálicos | 100 - 2000 | 3700 - 5000 | 50,3V - 102V 42,3H - 88,7H | 65 - 75 | 3000V - 20000V 3000H - 15000V |

*Diseño detallado*

*Selección preliminar de la luminaria*

Las luminarias deben seleccionarse preliminarmente de acuerdo a la aplicación, los tipos de lámparas seleccionadas y la distribución luminosa adecuada. Según el catálogo de "General Electric, Lighting Systems (año 2005)", las líneas de luminarias para tipo interior con aplicación industrial son las siguientes:

| NuVation™ HID | Charger™ |
|---|---|
| Gen 5 / Gen 6 HID | Other / Low Bay |
| Gen 5 | Industrial Fluorescent |
| General Duty | Fluorescent CFL |

Entre las líneas de luminarias antes mencionadas, debemos clasificarlas según los tipos de lámparas seleccionadas en el procedimiento anterior.

# Manual de Luminotecnia  Ing. Miguel D'Addario

### -Luminarias para Metal Halide:

| NuVation™ HID | Omniglow | Uniglow | JR Versabeam |
|---|---|---|---|
| Filterglow | Versabeam | GHB, HB | Lowmount 400 |
| Duraglow | Omnibeam | GHB Warehouse | Conserva |
| Omniglow 400 | Food-Pro | GHB Prismatic | Mini-Gard |
| Versabeam | Uniglow | GLB, LB | Versaglow |
| Obnibeam | **Gen 5** | **Charger™** | Garage Gard |
| Uniglow | Uniglow | CHH Charger | Minimite |
| Lowmount II | Lowmount | CHB Charger | Minimount |
| Unimount | Unimount | CPH™ Charger | SCM-175 |
| **Gen 5 / Gen 6 HID** | **General Duty** | Charger Prismatic | SBI Industrial |
| Filterglow | Midbay™ | Charger | Versaflood |
| Duraglow | Omnibeam™ | **Other / Low Bay** | SCMA-50 |

### -Luminarias para Fluorescente compacto:

| **Fluorescent CFL** | JR versabeam CFL |
|---|---|
| Versabeam CFL | JR Versabeam induction |
| Omnibeam, CFL | Mini-Gard fluorescent |
| Unimount 400, CFL | Mdbay, CFL |

### -Luminarias para Fluorescente Lineal:

| **Industrial Fluorescent** | Ultrastar™ E5 |
|---|---|
| Ultrastar™ F5 | Ultrastar™ E8 |
| Ultrastar™ F8 | Ultrastar™ S5 |
| Ultrastar™ M5 | Ultrastar™ S8 |
| Ultrastar™ C5 | Ultrastar™ A8 |

Se desea una distribución luminosa que permita una buena uniformidad en el plano de trabajo, por lo que es necesario emplear una iluminación directa. Según los porcentajes de distribución de cada luminaria en el catálogo "GE, Lighting Systems (año 2005)" Todas las luminarias excepto las de tipo "Omniglow" y "Versaglow" son de distribución directa, ya que éstas son consideradas semi-indirectas. Por lo tanto, cualquiera de las luminarias antes mencionadas (excepto dos tipos) sirve para iluminar el galpón. Ahora es cuestión de descartarlas según otras clasificaciones que serán descritas en otro procedimiento.

Debemos considerar los aspectos constructivos de las luminarias para el grado de protección. En este caso, no hay un grado de protección específico, ya que las luminarias serán colocadas en un sitio relativamente limpio y no serán expuestas al agua en ningún sentido.

En cuanto a la tolerancia térmica, consideramos un nivel estándar de 50°C. Todas las luminarias anteriores corresponden a este valor.

*Establecer la altura de montaje*
Según la distribución luminosa, podemos establecer una altura de montaje. Para una iluminación directa, empelamos la ecuación (25) para determinar la altura de suspensión óptima:

Altura suspensión:

$$hct = \frac{1}{5} \cdot (H - hcp) = \frac{1}{5} \cdot (3,6 - 0,75) = 0,57m$$

Esta es una altura aceptable, pero debemos considerar que la altura del galpón es muy baja para suspender las luminarias, ya que los "montacargas" no podrán circular por su zona. Por lo tanto, la altura de suspensión es de cero metros y la altura de montaje queda de la siguiente manera:

Altura de montaje:

$$hcl = H - (hct + hcp) = 3,6 - (0 + 0,75) = 2,85m$$

*Selección preliminar del equipo (lámpara-luminaria)*

Según las dimensiones del área a iluminar, las luminarias deben tener dimensiones bajas (altura de la luminaria) y deben alumbrar áreas de "bajas alturas" (0-6m). De acuerdo al catálogo, esto hace que sólo clasifiquen las de "Industrial Fluorescent".

En cuanto a la potencia de la lámpara (W), podemos observar que para alturas de 3,6m, se recomienda valores menores a 175 W. Por otro lado, estas luminarias solo comprenden valores de 54W y 32W. De acuerdo a la selección de las lámparas, la única que provee las características según las demandas estipuladas y según los criterios antes mencionados, es la lámpara fluorescente lineal "F32T8/SP41/ECO" de 32W.

La fotometría es un aspecto importante, ya que no solo se desea iluminar el plano de trabajo, sino también la mercancía localizada a los laterales del área. Por lo tanto, se desea una luminaria que no tenga distribución estrecha, sino más bien ancha y uniforme. Según el catálogo "GE, Lighting Systems" y dentro de las luminarias clasificadas según dicha fotometría la mejor es:

## Ultrastar™ S8

Esta luminaria utiliza cuatro lámparas de"F32T8/SP41/ECO". A continuación se describe las especificaciones técnicas del equipo a emplear:

| Luminaria | Potencia luminaria (W) | Lámpara | Potencia lámpara (W) | Lúmenes iniciales | Lúmenes medios | CRI | Temp. de color (°K) | Vida (h) |
|---|---|---|---|---|---|---|---|---|
| Ultrastar™ S8 | 140 | F32T8/SP41 | 32 | 2800 | 2600 | 78 | 4100 | 20000 |

*Cálculo de número de luminarias*

Se emplean los dos métodos (método práctico y teórico) para calcular el número aproximado de luminarias para el proyecto. A continuación se describe cada uno de ellos:

Se calcula primero la relación de cavidad del local (RCR):

$$RCR = 5 \cdot hcl \cdot \frac{(l+a)}{(l \cdot a)} =$$

$$5 \cdot (2,85) \cdot \frac{(33.7 + 2,5)}{(33,7 \cdot 2,5)} = 6,12$$

A partir de este dato y las reflectancias consideradas, se calcula el factor de utilización por medio de la tabla de la luminaria "Ultrastar$^{TM}$ S8" y la relación de cavidad. Se hizo una interpolación lineal para determinar dicho factor:

$$fu = fu_1 + (fu_2 - fu_1) \cdot \left( \frac{RCR - RCR_1}{RCR_2 - RCR_1} \right) =$$

$$49 + (44 - 49) \cdot \left( \frac{6,12 - 6}{7 - 6} \right) = 48,4$$

Factor de utilización = 0,48

El factor de mantenimiento ($f_m$) se determina a partir de los tres factores parciales. Para la depreciación del flujo de la lámpara (FDF) consideramos la relación entre los lúmenes iniciales y los lúmenes medios de dicha lámpara:

$$FDF = \frac{Lumenes\ medios}{Lumenes\ iniciales} = \frac{2600}{2800} = 0{,}93$$

Para una luminaria abierta y asumiendo que estará situada en un área sucia, entonces la depreciación de la luminaria según la Tabla es: 78,0=FDS. Suponiendo que el ambiente es sucio y será mantenido cada seis meses, según la gráfica del habrá un porcentaje de depreciación esperado de 10%. Por lo tanto, para una distribución directa e interpolando los valores, se determina la depreciación por suciedad sobre las superficies del galpón:

$$FDR = FDR_1 + (FDR_2 - FDR_1) \cdot \left( \frac{RCR - RCR_1}{RCR_2 - RCR_1} \right) =$$

$$0{,}97 + (0{,}96 - 0{,}97) \cdot \left( \frac{6{,}12 - 6}{7 - 6} \right) \approx 0{,}96$$

El factor de mantenimiento es igual al producto de dichos factores parciales:

$$f_m = (FDF \cdot FDS \cdot FDR) = 0{,}93 \cdot 0{,}78 \cdot 0{,}96 = 0{,}70$$

A partir de la ecuación, podemos hallar el número de luminarias en la zona de circulación:

$$N = \frac{E_{med} \cdot (l \cdot a)}{n \cdot \phi_L \cdot f_u \cdot f_m} =$$

$$\frac{200 \cdot (33{,}7) \cdot (2{,}5)}{4 \cdot 2800 \cdot 0{,}48 \cdot 0{,}70} = 4{,}48$$

Redondeando al inmediato superior: N = 5 luminarias

*Distribución del sistema de montaje*

El diseño de montaje de las luminarias tiene que ser una sola línea de cinco luminarias. El espaciamiento máximo está dado por el producto de la constante SC y la altura de montaje. Según los datos de la luminaria, dicha constante es igual a 2,0 cuando está orientada en 90°.

$$\textit{Espaciamiento maximo} = SC \times hcl = (2{,}0) \cdot (2{,}85) = 5{,}7m$$

El espacio entre las luminarias es igual a:

$$X = \frac{l}{N} = \frac{33{,}7}{5} = 6{,}74m$$

**Manual de Luminotecnia**  *Ing. Miguel D'Addario*

Observamos que el espacio calculado supera el espaciamiento máximo. Además, no se puede sustituir la luminaria por otra y tampoco otra lámpara con menor potencia.

Por lo que es necesario calcular la cantidad mínima de luminarias para que no se viole el espaciamiento:

$$N = \frac{l}{Espaciamiento \; \max.} = \frac{33,7}{5,7} = 5,91 \Rightarrow 6 \; luminarias$$

Separadas a una distancia entre ellas de 5,62 m.

*Puntos de medición*

De acuerdo a las dimensiones del área, se considera en el plano de trabajo, 13 puntos de largo por 3 puntos de ancho, y en el plano de la mercancía 14 puntos de largo por 3 puntos de ancho.

De esta manera se podrá determinar los factores de calidad en todo el espacio.

*Evaluación posterior*

Se utilizó como herramienta de simulación el programa "ALADAN 2002.2.1" de GE Lighting

Systems, ya que es muy práctico y sencillo para realizar proyectos de iluminación de interiores.

*Evaluación de los parámetros de calidad*

De acuerdo al cálculo realizado, se hizo la simulación con las 6 luminarias y se obtuvo los siguientes resultados:

-Iluminación horizontal (lx) en el plano de trabajo:

| $E_{min}$ (lux) | $E_{max}$ (lux) | $E_{med}$ (lux) | $U_m$ |
|---|---|---|---|
| 117,1 | 243,0 | 175,6 | 0,67 |

-Iluminación vertical (lx) en la mercancía:

| $E_{min}$ (lux) | $E_{max}$ (lux) | $E_{med}$ (lux) | $U_m$ |
|---|---|---|---|
| 52,1 | 323,9 | 144,5 | 0,36 |

Observamos que la uniformidad en el plano de trabajo está por encima de las recomendaciones, lo cual es bueno. Pero los niveles medios de iluminación están por debajo del estipulado. En la mercancía, no están relevante la uniformidad pero si los niveles medios de iluminación. Por lo tanto, se debe agregar más luminarias hasta alcanzar dichos niveles. Finalmente, de acuerdo a las simulaciones, se pudo obtener los parámetros de calidad deseados utilizando 8 luminarias.

Estos fueron los resultados:

-Iluminación horizontal (lx) en el plano de trabajo:

| $E_{min}$ (lux) | $E_{max}$ (lux) | $E_{med}$ (lux) | $U_m$ |
|---|---|---|---|
| 166,2 | 279,9 | 232,5 | 0,72 |

-Iluminación vertical (lx) en la mercancía:

| $E_{min}$ (lux) | $E_{max}$ (lux) | $E_{med}$ (lux) | $U_m$ |
|---|---|---|---|
| 82,8 | 322,9 | 191,7 | 0,43 |

El nivel medio en la mercancía está 8,3 lx más abajo que el deseado, igual es un nivel aceptable.

*Evaluación de la densidad de potencia*
Se calcula la densidad de potencia en todo el galpón, sabiendo que hay 4 zonas de circulación dando un total de 32 luminarias.

Por lo tanto, a partir de la ecuación (46), se obtiene una densidad de potencia igual a 4,58 W/m.

Manual de Luminotecnia  Ing. Miguel D'Addario

*Evaluación del proyecto*

En este caso no se tuvo en cuenta otra luminaria, lo cual indica que no hay comparación con otras instalaciones. La siguiente tabla muestra los valores más importantes acerca del proyecto:

| Método | Luminaria | Lámpara | Núm. de unidades | Potencia total (W) | UPD (W/m²) | Costo/Lumi. (Bs.) | Costo total (Bs.) |
|---|---|---|---|---|---|---|---|
| Mét. Teórico | Ultrastar™ S8 | F32T8/SP41 | 32 | 4480 | 4,58 | 600.000 | 19.200.000 |

Resultados de la evaluación del galpón

*Iluminación de una cancha "tipo" de fútbol de 4 y 6 postes*

Este proyecto consiste en aplicar los procedimientos antes descritos para la iluminación de dos modelos de canchas de fútbol, una con 4 postes y la otra con 6. Ambos modelos se harán con cualidades y parámetros diferentes los cuales serán explicados a lo largo de este apartado. A continuación se describe el proyecto según los procesos y procedimientos antes descritos.

*Análisis del proyecto*

El objetivo del proyecto consiste en iluminar una cancha de fútbol, de medidas oficiales, con los parámetros y criterios recomendados para las clases

# Manual de Luminotecnia  *Ing. Miguel D'Addario*

de juego I y II. El tipo de iluminación a emplearse es de exteriores con una aplicación deportiva.

Para esta actividad, se recomienda una buena reproducción y apariencia de objetos con un IRC igual o mayor a 65 (demanda estética) y un ambiente de color intermedio de aproximadamente 4000°K (demanda visual).

*Planificación básica*

A continuación se describe la determinación de cada uno de los datos de entrada:

*Datos de entrada*

En fútbol sólo existe el área principal de juego (PPA) y el área de frontera (BA), los cuales en este caso son iguales.

Se tomó como dimensiones del área las medidas oficiales de un estadio de fútbol las cuales son:

Ancho del PPA (a) = 69 m

Longitud del PPA (l) = 110 m

Área (PPA)= 7590 $m^2$.

La iluminancia debe ser medida a 1 metro sobre el piso (normas de "IESNA RP-6").

Según la normas "IESNA RP-6", estos son los niveles de iluminación para cada clase elegida:

Clase I = 750 lux;   Clase II = 500 lux

*Elección del sistema de alumbrado*
En este proyecto se empleará un sistema de alumbrado lateral con dos modelos diferentes, uno de cuatro postes y el otro de 6 postes. El de cuatro postes será empleado para la clase I, y el de 6 postes para la clase II, debido a las exigencias y a los distintos niveles de iluminación.

*Elección preliminar de las fuentes luminosas*
A partir de las demandas descritas en el análisis del proyecto y el tipo de aplicación, las lámparas más aptas para este proyecto son:
Incandescente Halógena;
Metal Halide

De estas dos lámparas, se elige la que posea un mejor rendimiento luminoso (lm/W), la cual es la Metal Halide.

**Manual de Luminotecnia**  *Ing. Miguel D'Addario*

A continuación se presenta las principales características de dicha lámpara:

| Lámpara | Potencia (W) | Temp. de color (°K) | (lm/W) | (IRC) | Vida útil (h) |
|---|---|---|---|---|---|
| Haluros metálicos | 100 - 2000 | 3700 - 5000 | 50,3V – 102V<br>42,3H – 88,7H | 65 - 75 | 3000V – 20000V<br>3000H – 15000V |

*Diseño detallado*

*Selección preliminar de las luminarias*

Según el catálogo de "General Electric, Lighting Systems", la línea de luminarias para esta aplicación son las de "Floodlighting", los cuales son todos proyectores.

Entre las líneas de luminarias antes mencionadas, todas son compatibles con la lámpara seleccionada. Además, por ser proyectores todos son de distribución directa.

Al considerar los aspectos físicos y constructivos de la luminaria para el grado de protección, se debe considerar una construcción estándar para estas aplicaciones.

Debemos tomar en cuenta que las luminarias serán colocadas a grandes alturas y expuestas a la intemperie, por lo que es necesario asumir protecciones contra polvo y especialmente contra las lluvias.

Por lo tanto, las luminarias se deben clasificar como IP-55.

En cuanto a la tolerancia térmica, se considera una temperatura estándar de 50°C.

*Establecer la altura de montaje*

La altura mínima de los postes viene dada según las recomendaciones de evitar el efecto de deslumbramiento. Por lo tanto, a partir de dichas recomendaciones y la ecuación se obtiene lo siguiente:

Setback:

$$sb \geq \frac{A/2 \cdot Tag(20)}{Tag(75) - Tag(20)} = \frac{(69/2) \cdot 0,36}{3,73 - 0,36} = 3,69m$$

Altura mínima:

$$H \geq Tag(20) \cdot (A/2 + sb) = 0,36 \cdot (69/2 + 3,69) = 13,75m$$

Las alturas y setbacks tienen que ser mayores a estos alores, por lo tanto tomamos como valores fijos, los cuales son:

*Setback = 50 ft (15,24 m) ; Altura = 70 ft (21,34 m)*

*Selección preliminar del equipo (lámpara-luminaria)*

En cuanto a la potencia de la lámpara (W), podemos observar que para alturas de 21,34m, se recomienda instalar valores mayores a 1000 W. Además, para estas aplicaciones se recomienda lámparas y luminarias altamente eficientes (circulares). Según el catálogo "GE, Lighting Systems" y dentro de las luminarias clasificadas según todos los criterios antes mencionados, las dos luminarias más aptas para este proyecto son la "Ultra-Sport y la Powr-Spot $^{TM}$".

La fotometría es un aspecto importante, ya que en esta aplicación se debe tener una idea de la apertura del haz del proyector.

*A continuación se describe el procedimiento de cómo elegir el NEMA apropiado:*

Según las consideraciones de este procedimiento para evitar el deslumbramiento, se debe hallar la distancia de proyección (dp) a partir de la ecuación:

$$X = \frac{H}{Tag(25°)} - sb = \frac{21,34}{0,47} - 15,24 = 30,52 m$$

$$dp = \sqrt{(sb+X)^2 + (H)^2} =$$

**Manual de Luminotecnia**  *Ing. Miguel D'Addario*

$$\sqrt{(15,24+30,52)^2+(21,34)^2} = 50,49m$$

Estas luminarias se clasifican como NEMA 4. A partir del catálogo, se obtienen las especificaciones técnicas de cada luminaria según las clasificaciones mencionadas:

| Luminaria | Pot. luminaria (W) | Lámpara | Pot. lámpara (W) | Lúm. iniciales | Lúm. medios | CRI | Color (°K) | Vida (h) |
|---|---|---|---|---|---|---|---|---|
| Powr-Spot™ 4x4 | 1642 | MVR1500/U/SPORT | 1500 | 170000 | 153000 | 65 | 4000 | 3000 |
| Ultra-Sport™ S02 (4x2) | 2113 | MQI2000/T9/40 | 2000 | 200000 | 160000 | 65 | 4000 | 4000 |

*Cálculo de número de proyectores*
-Colocando el poste a 15,24 m del borde del campo (sb) y la luminaria a 21,34 m sobre el piso (H), se obtienen los ángulos de inclinación correspondientes para determinar el CBU:

| $\alpha_1 = 35,53°$ | $\alpha_3 = 40,25°$ |
|---|---|
| $\alpha_2 = 75,78°$ | $\alpha_4 = 20,13°$ |

A partir de las distribuciones lumínicas de ambas luminarias y las gráficas elaboradas, se determinaron los coeficientes de utilización preliminares por encima (CBU$^+$ y por debajo (CBU$^-$) del haz central ($\alpha_4$) Por lo tanto, el coeficiente de utilización preliminar para cada luminaria es:

| Luminaria | CBU⁺ | CBU⁻ | CBU* |
|---|---|---|---|
| Powr-Spot™ 4x4 | 0,34 | 0,31 | 0,65 |
| Ultra-Sport™ S02 (4X2) | 0,35 | 0,45 | 0,80 |

Luego, se determinó el factor del campo (FF) a partir de la ecuación, dando como resultado:

$$FF = \frac{W}{\sqrt{H^2 + SB^2}} = \frac{110}{\sqrt{(21,34)^2 + (15,24)^2}} = 4,19$$

Luego se determina el factor de ajustamiento (AAF), siendo éste igual a 0,80. Los coeficientes de utilización del haz (CBU) de cada proyector, según la ecuación son iguales a:

| Luminaria | CBU |
|---|---|
| Powr-Spot™ 4x4 | 0,52 |
| Ultra-Sport™ S02 (4X2) | 0,64 |

El factor de mantenimiento ($f_m$) se determina a partir de los dos factores parciales correspondientes. Para la depreciación del flujo de la lámpara (FDF) consideramos la relación entre los lúmenes iniciales y los lúmenes medios de cada lámpara:

| Luminaria | Lúm. iniciales | Lúm. medios | FDF |
|---|---|---|---|
| Powr-Spot™ 2X2 | 170000 | 153000 | 0,90 |
| Ultra-Sport™ S02 (4X2) | 200000 | 160000 | 0,80 |

Para una luminaria cerrada como esta y con la consideración de estar situada en un área sucia, la depreciación de la luminaria es: FDS = 0,83

Por lo tanto, el factor de mantenimiento es igual al producto de dichos factores:

| Luminaria | FDF | FDS | Fm |
|---|---|---|---|
| Powr-Spot™ 2X2 | 0,90 | 0,83 | 0,75 |
| Ultra-Sport™ S02 (4X2) | 0,80 | 0,83 | 0,66 |

A partir de la ecuación y redondeando los valores, podemos hallar el número aproximado de proyectores necesarios para el proyecto.

A partir de los cálculos realizados, obtenemos los siguientes resultados:

| CLASE | Luminaria | $N_P$ / poste | $N_P$ total |
|---|---|---|---|
| I (6 postes) | Powr-Spot™ | 15 | 90 |
| | Ultra-Sport™ | 12 | 72 |
| II (4 postes) | Powr-Spot™ | 15 | 60 |
| | Ultra-Sport™ | 12 | 48 |

*Sistema y diseño de montaje de las luminarias*

-La posición de los postes se colocan según las recomendaciones por la norma "IESNA RP-6".

A partir de la figura, se determina la separación de los postes por banda:

Para 4 postes:

$$D = 2 \cdot l / 3 = 2 \cdot (110)/3 = 73,3 m$$

$$S = l / 6 = 18,3 m$$

Para 6 postes:

$$D = l - 0,18 \cdot (W + 2 \cdot sb) = 92,46 m$$

-El PPA será dividido en cuatro áreas iguales para el caso de 4 postes, y 6 áreas iguales para el de 6 postes.

Inicialmente, los haces tendrán una inclinación (α) de 65°, excepto algunos que estaban fuera del sub-área y serán orientados de acuerdo a los pasos descritos de este procedimiento y la ecuación.

Estos son los valores de cada ángulo respectivo:

# Manual de Luminotecnia  Ing. Miguel D'Addario

| Luminaria | Sistema de alumbrado | Postes | φ | γ |
|---|---|---|---|---|
| Powr-Spot[tm] | 4 Postes | a, b, c, d | 117,6° | 8,4° |
| | 6 Postes | a, c, d, f | 91,3° | 6,5° |
| | | b, e | 100° | 7,1° |
| Ultra-Sport[tm] | 4 Postes | a, b, c, d | 117,6° | 10,7 |
| | 6 Postes | a, c, d, f | 91,3° | 8,3° |
| | | b, e | 100° | 9,1° |

*Puntos de medición*

Según las normas "IESNA RP-6", la separación entre los puntos es igual a 9,14m.

*Evaluación posterior*

Se utilizó como herramienta de simulación el programa "Visual 2.04", ya que es muy sencillo y práctico en el momento de colocar, orientar y modificar los proyectores.

Una vez colocados los proyectores con sus inclinaciones y orientaciones respectivas, se debe hacer un estudio de los niveles de iluminación y las variaciones de ésta. Estos son los resultados:

| Luminaria | Sist. de Alumbrado | Número de proyectores | Average (lux) | Máx. (lux) | Mín. (lux) | Max. / Min. | CV |
|---|---|---|---|---|---|---|---|
| Powr-Spot | 4 Postes | 60 | 373,3 | 521,2 | 235,1 | 2,2 : 1 | 0,19 |
| | 6 Postes | 90 | 605,7 | 1004,9 | 331,3 | 3,0 : 1 | 0,24 |
| Ultra-Sport | 4 Postes | 48 | 433,8 | 717,1 | 247,0 | 2,9 : 1 | 0,26 |
| | 6 Postes | 72 | 672,9 | 1455,9 | 369,7 | 3,9 : 1 | 0,33 |

Resultados de la primera evaluación para el campo de fútbol, según método teórico

**Manual de Luminotecnia**  *Ing. Miguel D'Addario*

Siguiendo los procedimientos 1 y 2 del apartado de "ajuste de los parámetros de calidad", las uniformidades en cada sub-área y del PPA mejoraron hasta alcanzar los valores requeridos para cada clase. Notamos que los NEMAS cambiaron y los niveles de iluminación no alcanzaron los niveles requeridos. Por lo tanto, se debe seguir los pasos 3 y 4 del apartado, localizando los "puntos mínimos" y colocando luminarias en cada poste adyacente de dichos puntos. Este procedimiento se repitió hasta alcanzar los niveles de iluminación deseados en el PPA y mantener los factores de uniformidad dentro de los límites. Los NEMAS de cada proyector y el número de éstos por poste están indicados en las estadísticas de cada proyecto. Estos fueron los resultados finales:

| Luminaria | Sist. de Alumbrado | Número de proyectores | Average (lux) | Máx. (lux) | Mín. (lux) | Máx. / Mín. | CV |
|---|---|---|---|---|---|---|---|
| Powr-Spot | 4 Postes | 68 | 512,1 | 643,5 | 334,3 | 1,9 : 1 | 0,16 |
| | 6 Postes | 100 | 766,1 | 963,5 | 641,0 | 1,5 : 1 | 0,09 |
| Ultra-Sport | 4 Postes | 52 | 495,0 | 699,9 | 355,4 | 2,0 : 1 | 0,17 |
| | 6 Postes | 78 | 758,2 | 894,2 | 622,5 | 1,4 : 1 | 0,09 |

Resultados de la tercera evaluación para el campo de fútbol, según método teórico

*Evaluación de la densidad de potencia y costos del proyecto*

A partir de la ecuación, se obtienen las densidades para cada luminaria:

**Manual de Luminotecnia**  *Ing. Miguel D'Addario*

| Luminaria | Sist. de Alumbrado | Número de proyectores | Potencia total (KW) | UPD (W/m²) | Costo/lumi. (Bs.) | Costo total (Bs.) |
|---|---|---|---|---|---|---|
| Powr-Spot | 4 Postes | 68 | 111,66 | 14,71 | 1.000.000 | 68.000.000 |
| | 6 Postes | 100 | 164,20 | 21,63 | | 100.000.000 |
| Ultra-Sport | 4 Postes | 52 | 109,88 | 14,47 | 3.200.000 | 166.400.000 |
| | 6 Postes | 78 | 164,81 | 21,71 | | 249.600.000 |

*Evaluación del proyecto*

A partir de las evaluaciones realizadas, podemos observar que la luminaria Ultra-Sport consumiría menos energía para un sistema de 4 postes, y la Powr-Spot en un sistema de 6. Pero la Ultra-Sport es 60% más costosa que la otra. La selección definitiva de los equipos lo determinaremos en cuanto a su costo, ya que las diferencias de consumo son bajas. Los NEMAS respectivos se encuentran en las estadísticas del. En la siguiente tabla se muestra los modelos definitivos del proyecto:

| Sist. de alumbrado | Luminaria | Lámpara | Núm. de proyectores | $E_{med}$ (lux) | UPD (W/m²) | Costo/lumi. (Bs.) | Costo total (Bs.) |
|---|---|---|---|---|---|---|---|
| 4 postes | Powr-Spot | MVR1500/SPORT | 68 | 512,1 | 14,71 | 1.000.000 | 68.000.000 |
| 6 postes | Powr-Spot | MVR1500/SPORT | 100 | 766,1 | 21,63 | 1.000.000 | 100.000.000 |

Selección definitiva de equipos para las canchas de fútbol, según el método teórico.

*Iluminación de una cancha "tipo" de béisbol de 6 y 8 postes*

Este proyecto consiste en aplicar los procedimientos antes descritos para la iluminación de dos modelos de canchas de béisbol, una con 6 postes y la otra con 8. Este proyecto se empleará con procedimientos y criterios similares al proyecto anterior de fútbol, ya que ambos son de aplicación deportiva. A continuación se describe el proyecto según los procesos y procedimientos respectivos.

*Análisis del proyecto*

Se desea iluminar una cancha de béisbol, de medidas oficiales, con los parámetros y criterios recomendados para las clases de juego I y II.

El tipo de iluminación a emplearse es de exteriores con una aplicación deportiva.

Para esta actividad se recomienda las mismas demandas que para fútbol.

Por lo tanto, el IRC es igual o mayor a 65 (demanda estética) y la temperatura de color de 4000°K (demanda visual).

*Planificación básica*

*Datos de entrada*

En béisbol, existe el área principal de juego (PPA), el cual será el "infield", y el área secundaria de juego (SPA), el cual será el "outfield".

**Manual de Luminotecnia**  *Ing. Miguel D'Addario*

También, el PPA y el SPA son menores al área de frontera (BA), siendo ésta el área de "foul".

Se tomó las medidas oficiales de un campo de béisbol, las cuales son:

Área del infield = 2926,8 $m^2$

Área del outfield = 8121,4 $m^2$

La iluminación será medida a 1 metro de altura, según la norma "IESNA RP-6".

Los niveles de iluminación para cada área, según dicha norma son:

| CLASE | Infield | Outfield |
|---|---|---|
| I | 1500 lux | 1000 lux |
| II | 1000 lux | 700 lux |

*Elección del sistema de alumbrado*

Se empleará un sistema de alumbrado lateral típico para chanchas de béisbol de 6 y 8 postes.

El de 8 postes será empleado para la clase I, y el de 6 para clase II.

**Manual de Luminotecnia**  *Ing. Miguel D'Addario*

*Elección preliminar de las fuentes luminosas*

Se establece el mismo criterio utilizado para fútbol. Por lo tanto la lámpara seleccionada es:

| Lámpara | Potencia (W) | Color (°K) | (lm/W) | (IRC) | Vida útil (h) |
|---|---|---|---|---|---|
| Haluros metálicos | 100 - 2000 | 3700 - 5000 | 50,3V - 102V<br>42,3H - 88,7H | 65 - 75 | 3000V - 20000V<br>3000H - 15000V |

*Diseño detallado*

*Selección preliminar de las luminarias*

La línea de luminarias para esta aplicación son las de "Floodlighting".

*Establecer la altura de montaje*

Las alturas y setbacks mínimos no podrán determinarse igual que una cancha de fútbol por la geometría de las áreas.

Los setbacks de cada poste vienen determinados según las recomendaciones para evitar los efectos del deslumbramiento.

Por lo tanto:

Altura recomendada = 70ft (21,34 m)

*Selección preliminar del equipo (lámpara-luminaria)*

Se consideran las dos luminarias más aptas para la cancha de fútbol, las cuales son la "Ultra-Sport$^{TM}$.

Podemos hallar la distancia de proyección sin la necesidad de conocer los setbacks. Como todos los postes tendrán la misma altura, entonces determinamos dicha distancia para todos los postes en el campo de béisbol.

Por lo tanto:

$$(sb + X) = Tag(65) \cdot H = 2,14 \cdot (21,34) = 45,67m$$

$$dp = \sqrt{(sb + X)^2 + (H)^2} =$$

$$\sqrt{(45,67)^2 + (21,34)^2} = 50,40m$$

Estas luminarias se clasifican como NEMA 4. A partir del catálogo, se obtienen las especificaciones técnicas de cada luminaria según las clasificaciones mencionadas:

| Luminaria | Pot. luminaria (W) | Lámpara | Pot. lámpara (W) | Lúm. iniciales | Lúm. medios | CRI | Color (°K) | Vida (h) |
|---|---|---|---|---|---|---|---|---|
| Powr-Spot™ 4x4 | 1642 | MVR1500/U/S PORT | 1500 | 170000 | 153000 | 65 | 4000 | 3000 |
| Ultra-Sport™ S02 (4x2) | 2113 | MQI2000/T9/4 0 | 2000 | 200000 | 160000 | 65 | 4000 | 4000 |

*Cálculo de número de proyectores*

Para el outfield, colocamos el poste a 9,61m del borde del campo (sb) y la luminaria a 21,34m del piso (H).

**Manual de Luminotecnia**  *Ing. Miguel D'Addario*

Para el infield, colocamos los postes a 15,24m (sb) y la luminaria a 21,34m del piso (H).

Por lo tanto, los ángulos de inclinación correspondientes a cada área para hallar los CBU son:

| Infield | $\alpha_1 = 35,53°$ | $\alpha_2 = 72,90°$ | $\alpha_3 = 37,36°$ | $\alpha_4 = 18,70°$ |
|---|---|---|---|---|
| Outfield | $\alpha_1 = 24,24°$ | $\alpha_2 = 71,48°$ | $\alpha_3 = 47,24°$ | $\alpha_4 = 23,62°$ |

A partir de las distribuciones lumínicas y las gráficas elaboradas, se determinaron los coeficientes por encima ($CBU^+$) y por debajo ($CBU^-$) del haz central ($\alpha_4$). Por lo tanto, los coeficientes de utilización preliminares ($CBU^*$) son:

| Área | Luminaria | CBU+ | CBU- | CBU* |
|---|---|---|---|---|
| Infield | Powr-Spot™ 4x4 | 0,32 | 0,29 | 0,61 |
| | Ultra-Sport™ S02 (4X2) | 0,35 | 0,44 | 0,79 |
| Outfield | Powr-Spot™ 4x4 | 0,36 | 0,33 | 0,69 |
| | Ultra-Sport™ S02 (4X2) | 0,35 | 0,46 | 0,81 |

Luego, se determinó el factor del campo (FF) para cada área.

Infield: $$FF = \frac{W}{\sqrt{H^2 + SB^2}} =$$

$$\frac{54,10}{\sqrt{(21,34)^2+(15,24)^2}} = 2,06$$

Outfield: $$FF = \frac{W}{\sqrt{H^2+SB^2}} =$$

$$\frac{90,65}{\sqrt{(21,34)^2+(9,61)^2}} = 3,87$$

El factor de ajustamiento (AAF) para el infield es igual a 0,75, y para el outfield es igual a 0,80.

Por lo tanto, los coeficientes de utilización del haz (CBU) de cada proyector según el área son:

| Área | Luminaria | CBU |
|---|---|---|
| Infield | Powr-Spot™ 4x4 | 0,46 |
| | Ultra-Sport™ S02 (4X2) | 0,59 |
| Outfield | Powr-Spot™ 4x4 | 0,55 |
| | Ultra-Sport™ S02 (4X2) | 0,65 |

El factor de mantenimiento ($f_m$) es igual al calculado para los campos de fútbol, ya que son las mismas consideraciones de depreciación de las lámparas y las mismas luminarias.

Por lo tanto:

| Luminaria | FDF | FDS | Fm |
|---|---|---|---|
| Powr-Spot™ 2X2 | 0,90 | 0,83 | 0,75 |
| Ultra-Sport™ S02 (4X2) | 0,80 | 0,83 | 0,66 |

Redondeando los valores, podemos hallar el número aproximado de proyectores necesarios para el proyecto.

A partir de los cálculos realizados obtenemos los siguientes resultados para cada área y clase de actividad:

Para el infield:

| CLASE | Luminaria | $N_P$ / poste | $N_P$ total |
|---|---|---|---|
| I (8 postes) | Powr-Spot™ | 37 | 74 |
| | Ultra-Sport™ | 28 | 56 |
| II (6 postes) | Powr-Spot™ | 25 | 50 |
| | Ultra-Sport™ | 19 | 38 |

Para el outfield

| CLASE | Luminaria | $N_P$ / poste | $N_P$ total |
|---|---|---|---|
| I (8 postes) | Powr-Spot™ | 20 | 120 |
| | Ultra-Sport™ | 16 | 96 |
| II (6 postes) | Powr-Spot™ | 30 (c, f)<br>11 (d, e) | 82 |
| | Ultra-Sport™ | 24 (c, f)<br>9 (d, e) | 66 |

*Sistema y diseño de montaje de las luminarias*

La posición de los postes se coloca según las recomendaciones por la norma "IESNA RP-6", ya que se debe considerar el efecto de deslumbramiento.

Para ambas clases de juego, el infield y el outfield se dividen en partes iguales.

Inicialmente, la mayoría de los haces tendrán una inclinación (α) de 65°, luego serán orientados de acuerdo a la ecuación.

Estos son los resultados de cada ángulo:

Para clase I (8 postes):

| Luminaria | Poste | φ° | γ° |
|---|---|---|---|
| Powr-Spot | a, b | 120,8 | 3,4 |
| | h, c | 147,5 | 7,8 |
| | g, d | 136,8 | 7,2 |
| | f, e | 107,3 | 5,6 |
| Ultra-Sport | a, b | 120,8 | 4,5 |
| | h, c | 147,5 | 9,8 |
| | g, d | 136,8 | 9,1 |
| | f, e | 107,3 | 7,2 |

Para clase II (6 postes):

**Manual de Luminotecnia**  *Ing. Miguel D'Addario*

| Luminaria | Postes | φ° | γ° |
|---|---|---|---|
| Powr-Spot™ | a, b | 120,8 | 5,0 |
| | f, c | 147,5 | 5,1 |
| | e, d | 79,5 | 8,0 |
| Ultra-Sport™ | a, b | 120,8 | 6,7 |
| | f, c | 147,5 | 6,4 |
| | e, d | 79,5 | 9,9 |

*Puntos de medición*

Según las normas "IESNA RP-6", la separación entre los puntos es igual a 9,14m.

*Evaluación posterior*

Igual que el estadio de fútbol, se utilizó como herramienta de simulación el "Visual 2.04", por su practicidad en este tipo de aplicaciones.

Una vez colocados los proyectores se hace un primer estudio de los niveles de iluminación y las variaciones de ésta. A continuación se muestra los resultados de la primera evaluación:

Para clase I (8 postes):

| Luminaria | Núm. proy. (infield) | Núm. proy. (outfield) | $E_{MED}$ (lux) (infield) | $E_{MED}$ (lux) (outfield) | Max. / Min. (infield) | Max. / Min. (outfield) | CV (infield) | CV (outfield) |
|---|---|---|---|---|---|---|---|---|
| Powr-Spot | 74 | 120 | 1278,0 | 959,3 | 4,6 : 1 | 2,9 : 1 | 0,42 | 0,23 |
| Ultra-Sport | 56 | 96 | 1414,5 | 1010,9 | 10,7 : 1 | 5,8 : 1 | 0,59 | 0,41 |

## Para clase II (6 postes):

| Luminaria | Núm. proy. (infield) | Núm. proy. (outfield) | E_MED (lux) (infield) | E_MED (lux) (outfield) | Max. / Min. (infield) | Max. / Min. (outfield) | CV (infield) | CV (outfield) |
|---|---|---|---|---|---|---|---|---|
| Powr-Spot | 50 | 82 | 1278,0 | 959,3 | 4,6 : 1 | 2,9 : 1 | 0,42 | 0,23 |
| Ultra-Sport | 38 | 66 | 1414,5 | 1010,9 | 10,7 : 1 | 5,8 : 1 | 0,59 | 0,41 |

Siguiendo los procedimientos 1 y 2 del apartado de "ajuste de los parámetros de calidad", las uniformidades y los niveles de iluminación en el infield y en el outfield mejoraron hasta alcanzar los valores requeridos. Excepto para la clase I con la luminaria Ultra-Sport, ya que las modificaciones no ayudaron a bajar dichos niveles. Por lo tanto, siguiendo los pasos 3 y 4 del mismo apartado, se localizaron los puntos máximos y se removieron las luminarias en cada poste adyacente de dicho punto. Estos son los resultados finales:

Para clase I (8 postes):

| Luminaria | Núm. proy. (infield) | Núm. proy. (outfield) | E_MED (lux) (infield) | E_MED (lux) (outfield) | Max. / Min. (infield) | Max. / Min. (outfield) | CV (infield) | CV (outfield) |
|---|---|---|---|---|---|---|---|---|
| Powr-Spot | 74 | 120 | 1585,4 | 1056,9 | 1,3 : 1 | 1,5 : 1 | 0,07 | 0,11 |
| Ultra-Sport | 56 | 90 | 1509,8 | 1053,7 | 1,3 : 1 | 1,5 : 1 | 0,07 | 0,13 |

Para clase II (6 postes):

Evaluación de la densidad de potencia y costos del proyecto.

**Manual de Luminotecnia**  *Ing. Miguel D'Addario*

| Luminaria | Núm. proy. (infield) | Núm. proy. (outfield) | $E_{MED}$ (lux) (infield) | $E_{MED}$ (lux) (outfield) | Max./Min. (infield) | Max./Min. (outfield) | CV (infield) | CV (outfield) |
|---|---|---|---|---|---|---|---|---|
| Powr-Spot | 50 | 82 | 1038,4 | 704,5 | 1,4:1 | 1,9:1 | 0,09 | 0,14 |
| Ultra-Sport | 38 | 66 | 1032,9 | 719,2 | 1,4:1 | 1,8:1 | 0,10 | 0,16 |

A partir de la ecuación, se obtienen las densidades para cada luminaria:

| Luminaria | Sist. de Alumbrado | Número de proyectores | Potencia total (KW) | UPD (W/m²) | Costo/lumi. (Bs.) | Costo total (Bs.) |
|---|---|---|---|---|---|---|
| Powr-Spot | 8 Postes | 194 | 318,55 | 28,83 | 1.000.000 | 194.000.000 |
| | 6 Postes | 132 | 216,74 | 19,62 | | 132.000.000 |
| Ultra-Sport | 8 Postes | 146 | 308,50 | 27.92 | 3.200.000 | 467.200.000 |
| | 6 Postes | 104 | 219,75 | 19,89 | | 332.800.000 |

*Evaluación del proyecto*

Podemos observar que el consumo de energía entre ambas luminarias no difiere mucho, pero si en cuanto a los costos (60% de diferencia).

Por lo tanto, es recomendable elegir la Powr-Spot por su bajo costo.

| Sist. de alumbrado | Luminaria | Lámpara | Núm. de proyectores | $E_{med}$ (lux) infield | $E_{med}$ (lux) outfield | UPD (W/m²) | Costo total (Bs.) |
|---|---|---|---|---|---|---|---|
| 8 postes | Powr-Spot | MVR1500/SPORT | 194 (74 I. 120 O.) | 1585,4 | 1056,9 | 28,83 | 194.000.000 |
| 6 postes | Powr-Spot | MVR1500/SPORT | 132 (50 I. 82 O.) | 1038,4 | 704,5 | 19,62 | 132.000.000 |

*Culminaciones*

El desarrollo de estos procedimientos para las distintas aplicaciones realizadas en luminotecnia, surgen como una necesidad para el control de las diversas actividades del departamento de ventas e ingeniería de la empresa, así como una herramienta sumamente útil que puede brindar las ventajas que se presentan a continuación:

Permite el control del cumplimiento de las diversas actividades que deben realizarse para la ejecución de la ingeniería de proyectos en iluminación.

Puede servir como una guía eficaz para la preparación y clasificación del personal dentro de los departamentos.

Sistematiza la iniciación, desarrollo y finalización de los procesos que tienen que llevarse a cabo.

En los proyectos realizados, se procuró no descuidar la calidad de iluminación, tratando siempre de mantener la adecuada selección del equipo, los niveles de iluminación apropiados y los factores de uniformidad dentro de los límites establecidos. Todos estos parámetros se lograron fundamentalmente con la ayuda de los dos programas utilizados, el cual facilitaron los cálculos de aquellos parámetros que resultarían muy tediosos y difíciles de calcular de otra manera. Los diversos procedimientos establecidos sobre la clasificación y selección de los equipos a emplear, resultan ser muy sencillos y prácticos para las personas que no tienen una buena base de la luminotecnia. El cual resulta ser muy útil para los ingenieros de venta en el momento de presentar cualquier licitación de un proyecto. El método práctico es una buena y rápida herramienta el cual debería emplearse para tener una idea de la instalación. De hecho, los métodos de cálculo se realizan en no más de dos pasos. En cambio, el método teórico resultó tener entre cuatro y seis pasos más, solo para determinar el número aproximado de luminarias para el proyecto. También ocurre en el momento de seleccionar la apertura del haz del proyector apropiada, sabiendo que según el método práctico solo se toma en cuenta cuál de los proyectores provee una mejor uniformidad e iluminancia a partir de simulaciones con programas de iluminación.

El método teórico resulta ser un método más eficiente en cuanto a los resultados obtenidos. Esto se debe a que los cálculos se realizan detalladamente y no por valores empíricos, los cuales no siempre son ciertos dependiendo del proyecto. De hecho, la densidad de potencia instalada (UPD) en el proyecto del galpón, resultó ser menor con el método teórico que con el práctico, lo cual indica que el número de luminarias y el consumo de energía será menor para solo alcanzar los requerimientos de calidad y demandas estipuladas. También es importante resaltar que la diferencia de precios entre ambos métodos resultó ser un 11%. En las aplicaciones deportivas, los parámetros de calidad y número de proyectores en la primera evaluación, resultaron ser muy semejantes. Lo cual indica que ambos métodos son factibles, pero no olvidemos que las características del área, del ambiente y de los equipos pueden ser diferentes de acuerdo a las condiciones y valores asumidos.

Es importante entender que la iluminación deportiva debe ser realizada por un profesional, pero los diseños preliminares pueden ser establecidos por el método práctico.

Por lo tanto se recomienda que el método práctico sea utilizado solo para tener una referencia y comprobar los valores en el momento de realizar el proyecto empleado por el método teórico.

La información contenida en este manual debe someterse a las revisiones necesarias para mantener actualizados los procedimientos con relación a las normas, premisas y nuevas tecnologías en el mercado de la iluminación.

**Manual de Luminotecnia**  *Ing. Miguel D'Addario*

*Cálculo de número de proyectores en el proyecto*

Cálculo de número de proyectores para el campo de fútbol:

A partir de la ecuación y redondeando los valores, podemos hallar el número aproximado de proyectores necesarios para iluminar el campo para ambas clases y luminarias:

Según el método teórico:

-Para clase I (6 postes):

Powr-Sport:

$$N_P = \frac{E_{med} \cdot Area}{\phi_{Haz} \cdot CBU \cdot f_m} =$$

$$\frac{750 \cdot 7590}{170000 \cdot 0,52 \cdot 0,75} = 85,9$$

$$N_P / poste = \frac{85,9}{6} = 14,3 \approx 15$$

Ultra-Sport:

$$N_P = \frac{E_{med} \cdot Area}{\phi_{Haz} \cdot CBU \cdot f_m} =$$

$$\frac{750 \cdot 7590}{200000 \cdot 0{,}64 \cdot 0{,}66} = 67{,}38$$

$$N_P \,/\, poste = \frac{67{,}38}{6} = 11{,}23 \approx 12$$

$$N_P \; total = 12 \cdot 6 = 72$$

-Para clase II (4 postes):

Powr-Sport:

$$N_P = \frac{E_{med} \cdot Area}{\phi_{Haz} \cdot CBU \cdot f_m} =$$

$$\frac{500 \cdot 7590}{170000 \cdot 0{,}52 \cdot 0{,}75} = 57{,}24$$

$$N_P \,/\, poste = \frac{57{,}24}{4} = 14{,}31 \approx 15$$

$$N_P \; total = 15 \cdot 4 = 60$$

Ultra-Sport:

$$N_P = \frac{E_{med} \cdot Area}{\phi_{Haz} \cdot CBU \cdot f_m} =$$

$$\frac{500 \cdot 7590}{200000 \cdot 0{,}64 \cdot 0{,}66} = 44{,}92$$

$$N_P / poste = \frac{44{,}92}{4} = 11{,}23 \approx 12$$

$$N_P \; total = 12 \cdot 4 = 48$$

*Según el método práctico*

Los coeficientes de utilización están tabulados de acuerdo al deporte y los factores de mantenimiento de acuerdo al promedio descrito en el procedimiento. Recordar que los números de proyectores deben ser redondeados para que éste sea divisible. Considerando un CBU igual a 0,60 y un $f_m$ igual a 0,75, entonces:

-Para clase I (6 postes):

Powr-Sport:

$$N_P = \frac{E_{med} \cdot Area}{\phi_{Haz} \cdot CBU \cdot f_m} =$$

$$\frac{750 \cdot 7590}{170000 \cdot 0{,}60 \cdot 0{,}75} = 74{,}41$$

$$N_P / poste = \frac{74,41}{6} = 12,40 \approx 14$$

$$N_P \; total = 14 \cdot 6 = 84$$

Ultra-Sport:

$$N_P = \frac{E_{med} \cdot Area}{\phi_{Haz} \cdot CBU \cdot f_m} =$$

$$\frac{750 \cdot 7590}{200000 \cdot 0,60 \cdot 0,75} = 63,25$$

$$N_P / poste = \frac{63,25}{6} = 10,54 \approx 12$$

$$N_P \; total = 12 \cdot 6 = 72$$

-Para clase II (4 postes):

Powr-Sport:

$$N_P = \frac{E_{med} \cdot Area}{\phi_{Haz} \cdot CBU \cdot f_m} =$$

$$\frac{500 \cdot 7590}{170000 \cdot 0,60 \cdot 0,75} = 49,61$$

**Manual de Luminotecnia**  *Ing. Miguel D'Addario*

$$N_P \,/\, poste = \frac{49{,}61}{4} = 12{,}40 \approx 14$$

$$N_P \; total = 14 \cdot 4 = 56$$

Ultra-Sport:

$$N_P = \frac{E_{med} \cdot Area}{\phi_{Haz} \cdot CBU \cdot f_m} =$$

$$\frac{500 \cdot 7590}{200000 \cdot 0{,}60 \cdot 0{,}75} = 42{,}17$$

$$N_P \,/\, poste = \frac{42{,}17}{4} = 10{,}05 \approx 12$$

$$N_P \; total = 12 \cdot 4 = 48$$

*Cálculo de número de proyectores para el campo de béisbol*

A partir de la ecuación y redondeando los valores, podemos hallar el número aproximado de proyectores para ambas área y según la clase de actividad:

Según el método teórico:

-Para clase I (8 postes):

*Infield*

Powr-Sport:

$$N_P = \frac{E_{med} \cdot Area}{\phi_{Haz} \cdot CBU \cdot f_m} =$$

$$\frac{1500 \cdot 2926,8}{170000 \cdot 0,46 \cdot 0,75} = 74,85$$

$$N_P / poste = \frac{74,85}{2} = 37,4 \approx 37$$

$$N_P \ total = 37 \cdot 2 = 74$$

Ultra-Sport:

$$N_P = \frac{E_{med} \cdot Area}{\phi_{Haz} \cdot CBU \cdot f_m} =$$

$$\frac{1500 \cdot 2926}{200000 \cdot 0,59 \cdot 0,66} = 56,37$$

$$N_P / poste = \frac{56,37}{2} = 28,19 \approx 28$$

$$N_P \; total = 28 \cdot 2 = 56$$

*Outfield*

Powr-Sport:

$$N_P = \frac{E_{med} \cdot Area}{\phi_{Haz} \cdot CBU \cdot f_m} =$$

$$\frac{1000 \cdot 4060,7 \cdot 2}{170000 \cdot 0,55 \cdot 0,75} = 115,80$$

$$N_P / poste = \frac{115,8}{6} = 19,30 \approx 20$$

$$N_P \; total = 20 \cdot 6 = 120$$

Ultra-Sport:

$$N_P = \frac{E_{med} \cdot Area}{\phi_{Haz} \cdot CBU \cdot f_m} =$$

$$\frac{1000 \cdot 4060,7 \cdot 2}{200000 \cdot 0,65 \cdot 0,66} = 94,66$$

**Manual de Luminotecnia**  *Ing. Miguel D'Addario*

$$N_P / poste = \frac{94,66}{6} = 15,78 \approx 16$$

$$N_P \ total = 16 \cdot 6 = 96$$

-Para clase II (6 postes):

*Infield*

Powr-Sport:

$$N_P = \frac{E_{med} \cdot Area}{\phi_{Haz} \cdot CBU \cdot f_m} =$$

$$\frac{1000 \cdot 2926,8}{170000 \cdot 0,46 \cdot 0,75} = 49,90$$

$$N_P / poste = \frac{49,90}{2} = 24,9 \approx 25$$

$$N_P \ total = 25 \cdot 2 = 50$$

Ultra-Sport:

$$N_P = \frac{E_{med} \cdot Area}{\phi_{Haz} \cdot CBU \cdot f_m} =$$

$$\frac{1000 \cdot 2926,8}{200000 \cdot 0,59 \cdot 0,66} = 37,58$$

$$N_p / poste = \frac{37,58}{2} = 18,79 \approx 19$$

$$N_p \ total = 19 \cdot 2 = 38$$

*Outfield*

Powr-Sport:

$$N_p = \frac{E_{med} \cdot Area}{\phi_{Haz} \cdot CBU \cdot f_m} =$$

$$\frac{700 \cdot 4060,7 \cdot 2}{170000 \cdot 0,55 \cdot 0,75} = 81,06$$

$$N_p / poste \ c \ y \ f = 30$$

$$N_p / poste \ d \ y \ e = 11$$

$$N_p \ total = 30 \cdot 2 + 11 \cdot 2 = 82$$

Ultra-Sport:

$$N_p = \frac{E_{med} \cdot Area}{\phi_{Haz} \cdot CBU \cdot f_m} =$$

$$\frac{700 \cdot 4060,7 \cdot 2}{170000 \cdot 0,65 \cdot 0,66} = 66,26$$

$$N_p \ / \ poste \ c \ y \ f = 24$$

$$N_p \ / \ poste \ d \ y \ e = 9$$

$$N_p \ total = 24 \cdot 2 + 9 \cdot 2 = 66$$

*Según el método práctico*

Los coeficientes de utilización están tabulados de acuerdo al deporte y los factores de mantenimiento de acuerdo al promedio descrito en el procedimiento. Considerando un "$f_m$" igual a 0,75 para todos, entonces:

-Para clase I (8 postes):

*Infield*

Powr-Sport:

$$N_p = \frac{E_{med} \cdot Area}{\phi_{Haz} \cdot CBU \cdot f_m} =$$

$$\frac{1500 \cdot 2926,8}{170000 \cdot 0,65 \cdot 0,75} = 52,97$$

$$N_p \ / \ poste = \frac{52,97}{2} = 26,49 \approx 28$$

$$N_p \ total = 28 \cdot 2 = 56$$

Ultra-Sport:

$$N_P = \frac{E_{med} \cdot Area}{\phi_{Haz} \cdot CBU \cdot f_m} =$$

$$\frac{1500 \cdot 2926{,}8}{200000 \cdot 0{,}65 \cdot 0{,}75} = 45{,}03$$

$$N_P / poste = \frac{45{,}03}{2} = 22{,}51 \approx 25$$

$$N_P \ total = 25 \cdot 2 = 50$$

Outfield

Powr-Sport:

$$N_P = \frac{E_{med} \cdot Area}{\phi_{Haz} \cdot CBU \cdot f_m} =$$

$$\frac{1000 \cdot 4060{,}7 \cdot 2}{170000 \cdot 0{,}85 \cdot 0{,}75} = 74{,}94$$

$$N_P / poste = \frac{74{,}94}{6} = 12{,}49 \approx 15$$

$$N_P \ total = 15 \cdot 6 = 90$$

**Manual de Luminotecnia**  *Ing. Miguel D'Addario*

Ultra-Sport:

$$N_P = \frac{E_{med} \cdot Area}{\phi_{Haz} \cdot CBU \cdot f_m} =$$

$$\frac{1000 \cdot 4060,7 \cdot 2}{200000 \cdot 0,85 \cdot 0,75} = 63,70$$

$$N_P / poste = \frac{63,70}{6} = 10,62 \approx 15$$

$$N_P \; total = 15 \cdot 6 = 90$$

-Para clase II (6 postes):
*Infield*
Powr-Sport:

$$N_P = \frac{E_{med} \cdot Area}{\phi_{Haz} \cdot CBU \cdot f_m} =$$

$$\frac{1000 \cdot 2926,8}{170000 \cdot 0,65 \cdot 0,75} = 35,32$$

$$N_P / poste = \frac{35,32}{2} = 17,66 \approx 21$$

$$N_P \; total = 21 \cdot 2 = 42$$

Ultra-Sport:

$$N_P = \frac{E_{med} \cdot Area}{\phi_{Haz} \cdot CBU \cdot f_m} =$$

$$\frac{1000 \cdot 2926,8}{200000 \cdot 0,65 \cdot 0,75} = 30,02$$

$$N_P / poste = \frac{30,02}{2} = 15,01 \approx 15$$

$$N_P \; total = 15 \cdot 2 = 30$$

*Outfield*
Powr-Sport:

$$N_P = \frac{E_{med} \cdot Area}{\phi_{Haz} \cdot CBU \cdot f_m} =$$

$$\frac{700 \cdot 4060,7 \cdot 2}{170000 \cdot 0,85 \cdot 0,75} = 52,46$$

$$N_P / poste \; c \; y \; f = 21$$

$$N_p \, / \, poste \; d \; y \; e = 9$$

$$N_p \, total = 21 \cdot 2 + 9 \cdot 2 = 60$$

Ultra-Sport:

$$N_p = \frac{E_{med} \cdot Area}{\phi_{Haz} \cdot CBU \cdot f_m} =$$

$$\frac{700 \cdot 4060,7 \cdot 2}{170000 \cdot 0,85 \cdot 0,75} = 44,59$$

$$N_p \, / \, poste \; c \; y \; f = 16$$

$$N_p \, / \, poste \; d \; y \; e = 6$$

$$N_p \, total = 16 \cdot 2 + 6 \cdot 2 = 44$$

*Diseño detallado y evaluación posterior según el método práctico*
*Para iluminación de interiores*

Para este tipo de iluminación, el método práctico comienza a partir del cálculo de número de luminarias. Una vez establecido los parámetros más importantes, el número de luminarias viene dado por valores empíricos, como son los del factor de utilización ($f_u$), y del factor de mantenimiento ($f_m$). Estos valores fueron hallados principalmente por fabricantes de luminarias, con la finalidad de simplificar los cálculos y obtener un resultado rápido.

-En ausencia de las especificaciones técnicas de las luminarias, se puede asumir un "$f_u$" entre 0,3 y 0,6 para luminarias con balastos electromagnéticos, o entre 0,6 y 0,9 para balastos electrónicos. Por efectos de diseño, se puede tomar un "fu" igual a 0,60, siendo éste el promedio de ambos intervalos.

-Se puede asumir un factor de mantenimiento dependiendo de las condiciones que se presentan a continuación:

a) Factor de mantenimiento bueno: Cuando el ambiente es limpio y las luminarias son limpiadas con frecuencia, se puede estimar un factor entre 0,65 y 0,90.

b) Factor de mantenimiento medio: Cuando el ambiente es menos limpio y las luminarias son limpiadas esporádicamente, se puede estimar un factor entre 0,50 y 0,70.

c) Factor de mantenimiento malo: Cuando el ambiente es sucio y las luminarias no se cuidan, se puede estimar un factor entre 0,40 y 0,65. Por efectos de cálculo, también se puede asumir un factor de mantenimiento de 0,65, siendo éste el promedio de los valores antes mencionados. Una vez obtenido el número de luminarias empleando la ecuación, se procede a continuar con el resto de los procedimientos antes descritos.

*Para iluminación deportiva (exterior)*
Al igual que en iluminación de interiores, el método práctico para esta aplicación comienza a partir del cálculo de número de proyectores. Excepto que la selección preliminar del equipo según la fotometría más adecuada, puede determinarse por medio de simulaciones y comparaciones entre todas las luminarias clasificadas según los otros criterios de selección. Este procedimiento se hará una vez determinado el número aproximado de proyectores, empleando valores empíricos ya establecidos por parte de fabricantes de luminarias o diseñadores.
-Para el cálculo del CBU, se puede recurrir a tablas donde indican los valores típicos para los distintos

deportes. Estos valores no siempre son exactos, ya que el CBU depende de las distintas dimensiones del área y los distintos tipos de luminarias existentes en el mercado.

-Se estima que el factor de mantenimiento para zonas exteriores está comprendido entre 0,65 y 0,85.

Para efectos de cálculo, en caso de no obtener ninguna información, se puede tomar en cuenta el promedio de ambos valores, siendo éste: $f_m = 0,75$.

Una vez obtenido el número de proyectores por poste según la ecuación, la orientación y dirección de éstos pueden determinarse en forma más sencilla sin la necesidad de calcular los ángulos respectivos de separación e inclinación. Una vez obtenido cada sub-área, ésta se divide en igual número de proyectores, de esta forma, cada proyector apuntará al centro de su área establecida. Hay que tomar en cuenta que el número de proyectores por poste puede cambiar según el resultado de dicha ecuación, ya que cada sub-área debe ser dividida en partes iguales según el número de proyectores. En tal caso, se redondea al número par superior. Una vez determinado el número de proyectores por poste según el procedimiento descrito, se debe realizar un estudio con cada uno de los distintos tipos de proyectores preseleccionados según su NEMA. Luego, se selecciona el proyector que presente una mejor condición de calidad. A continuación, se presentan dos pasos básicos para la selección:

1. De todos los proyectores, seleccionar los dos primeros que mejor provean un nivel de iluminación al estipulado.
En otras palabras, los que más se acerquen a dichos valores.

2. De los dos seleccionados anteriormente, el mejor proyector será aquel que proporcione una mejor condición de uniformidad en el área de juego.
Con estos dos pasos se podrá predeterminar el NEMA adecuado para el proyecto.
Luego, se debe ajustar los parámetros de calidad siguiendo los cuatro pasos siguientes del procedimiento indicado hasta alcanzar las condiciones y los requisitos estipulados según la actividad.

**Manual de Luminotecnia**  *Ing. Miguel D'Addario*

## Aplicación de las operaciones descritas según el método práctico

*1) iluminación del galpón*

Como se mencionó anteriormente, el método práctico comienza a partir del cálculo de número de luminarias. Por lo tanto, se asume un factor de utilización igual a 0,60 y un factor de mantenimiento igual a 0,65. Empleando la ecuación se obtiene el número de luminarias:

$$N = \frac{E_{med} \cdot (l \cdot a)}{n \cdot \phi_L \cdot f_u \cdot f_m} =$$

$$\frac{200 \cdot (33,7) \cdot (2,5)}{4 \cdot 2800 \cdot 0,60 \cdot 0,65} = 3,86$$

Redondeando al inmediato superior:
N = 4 luminarias

Antes de realizar cualquier cálculo, notamos que con 4 luminarias igual viola el espaciamiento máximo según los cálculos realizados en el método teórico. Consecuentemente, haciendo el mismo procedimiento, se calcula la cantidad mínima de luminarias para el proyecto:

N = 6 luminarias; Separación = 5,62 m

Se consideraron en el plano de trabajo, 13 puntos de largo por 3 puntos de ancho, y en el plano de la mercancía 14 puntos de largo por 3 puntos de ancho. De esta manera se podrá determinar los factores de calidad en todo el espacio. De acuerdo al cálculo realizado, se hizo la simulación con las 6 luminarias y se obtuvo los siguientes resultados:

-Iluminación horizontal (lx) en el plano de trabajo:

| $E_{min}$ (lux) | $E_{max}$ (lux) | $E_{med}$ (lux) | $U_m$ |
|---|---|---|---|
| 108,7 | 225,7 | 163,0 | 0,67 |

-Iluminación vertical (lx) en la mercancía:

| $E_{min}$ (lux) | $E_{max}$ (lux) | $E_{med}$ (lux) | $U_m$ |
|---|---|---|---|
| 48,4 | 300,8 | 134,2 | 0,36 |

Observamos que la uniformidad en el plano de trabajo está por encima de las recomendaciones, lo cual es bueno. Pero los niveles medios de iluminación en ambos planos están por debajo del estipulado. Por lo tanto, se debe agregar más luminarias hasta alcanzar dichos niveles. Finalmente, de acuerdo a las simulaciones, se pudo obtener los parámetros de calidad deseados con 9 luminarias.

Estos fueron los resultados:

-Iluminación horizontal (lx) en el plano de trabajo:

| $E_{min}$ (lux) | $E_{max}$ (lux) | $E_{med}$ (lux) | $U_m$ |
|---|---|---|---|
| 170,0 | 285,8 | 242,2 | 0,70 |

-Iluminación vertical (lx) en la mercancía:

| $E_{min}$ (lux) | $E_{max}$ (lux) | $E_{med}$ (lux) | $U_m$ |
|---|---|---|---|
| 84,7 | 309,6 | 199,8 | 0,42 |

Se calcula la densidad de potencia en todo el galpón empleando la ecuación, sabiendo que hay 4 zonas de circulación dando un total de 36 luminarias.

Por lo tanto, de acuerdo a todos los procedimientos descritos, se muestra en la siguiente tabla los valores más importantes acerca del proyecto empleando este método:

| Método | Luminaria | Lámpara | Núm. de unidades | Potencia total (W) | UPD (W/m²) | Costo/Lumi. (Bs.) | Costo total (Bs.) |
|---|---|---|---|---|---|---|---|
| Mét. Práctico | Ultrastar™ S8 | F32T8/SP41 | 36 | 5040 | 5,16 | 600.000 | 21.600.000 |

*2) iluminación de una cancha "tipo" de fútbol de 4 y 6 postes.*

Según el catálogo "GE, Lighting Systems" y dentro de las luminarias clasificadas empleando todos los criterios de clasificación, se ha acordado que las dos luminarias más aptas para este proyecto son la "Ultra-Sport. Los coeficientes de utilización están tabulados según el deporte, en este caso el CBU es igual a 0,60. Además, se tomará como factor de mantenimiento igual a 0,75, según las indicaciones descritas. Hay que recordar que los números de proyectores deben ser redondeados a un número par o que el sub-área pueda ser dividido en partes iguales. Estos fueron los resultados de los cálculos realizados.

| CLASE | Luminaria | $N_P$ / poste | $N_P$ total |
|---|---|---|---|
| I (6 postes) | Powr-Spot™ | 14 | 84 |
| | Ultra-Sport™ | 12 | 72 |
| II (4 postes) | Powr-Spot™ | 14 | 56 |
| | Ultra-Sport™ | 12 | 48 |

La posición de los postes se coloca según las recomendaciones por la norma "IESNA RP-6". A partir de la figura, se determina la separación de los postes por banda:

Para 4 postes:

$$D = 2 \cdot l/3 = 2 \cdot (110)/3 = 73{,}3m$$

$$S = l/6 = 18{,}3m$$

Para 6 postes:

$$D = l - 0{,}18 \cdot (W + 2 \cdot sb) = 92{,}46m$$

El PPA será dividido en cuatro áreas iguales para el caso de 4 postes, y 6 áreas iguales para el de 6 postes.

Luego, cada sub-área será dividida igual al número de luminarias por poste (indicadas en la tabla anterior), y éstas apuntarán al centro de cada una.

Una vez orientado cada luminaria, se procede a elegir el NEMA más apto para este proyecto, por lo que es necesario comparar cuál de todos proveen un nivel de iluminación adecuado y la mejor uniformidad sobre el PPA.

Para clase I (6 postes):

| Luminaria | NEMA | Average (lux) | Máx. / Min. |
|---|---|---|---|
| Powr-Spot | 2X2 | 641,3 | 3,4 : 1 |
| | 3X3 | 634,7 | 3,5 : 1 |
| | 4X4 | 628,2 | 4,3 : 1 |
| | 5X5 | 598,8 | 4,9 : 1 |
| | 6X6 | 449,0 | 4,4 : 1 |
| Ultra-Sport | S02 4X2 | 823,0 | 3,7 : 1 |
| | M02 4X2 | 799,9 | 3,2 : 1 |
| | W02 5X3 | 777,9 | 3,3 : 1 |
| | WW2 5X4 | 723,8 | 7,6 : 1 |

Según la tabla anterior y las condiciones mencionadas de clasificación, para la Powr-Spot, el más apto es el NEMA 2x2. Para la Ultra-Sport es el de NEMA W02 5x3.

Para clase II (4 postes):

| Luminaria | NEMA | Average (lux) | Máx. / Min. |
|---|---|---|---|
| Powr-Spot | 2X2 | 430,8 | 3,8 : 1 |
| | 3X3 | 413,7 | 3,7 : 1 |
| | 4X4 | 406,4 | 4,5 : 1 |
| | 5X5 | 386,2 | 5,4 : 1 |
| | 6X6 | 289,8 | 5,3 : 1 |
| Ultra-Sport | S02 4X2 | 556,4 | 5,3 : 1 |
| | M02 4X2 | 533,6 | 4,3 : 1 |
| | W02 5X3 | 511,6 | 4,2 : 1 |
| | WW2 5X4 | 479,6 | 9,4 : 1 |

Podemos observar según la tabla anterior que para la Powr-Spot, el más apto según el procedimiento de clasificación es el NEMA 3x3, y para la Ultra-Sport el NEMA W02 5x3. Una vez colocados los proyectores indicados con sus inclinaciones y orientaciones respectivas, se hace el estudio de los niveles de iluminación y las variaciones de ésta.

Estos son los resultados:

| Luminaria | Sist. de Alumbrado | Número de proyectores | Average (lux) | Máx. (lux) | Mín. (lux) | Máx. / Min. | CV |
|---|---|---|---|---|---|---|---|
| Powr-Spot | 4 Postes | 56 | 413,7 | 655,0 | 178,2 | 3,7 : 1 | 0,34 |
| | 6 Postes | 84 | 641,3 | 984,0 | 286,6 | 3,4 : 1 | 0,30 |
| Ultra-Sport | 4 Postes | 48 | 511,6 | 861,2 | 206,3 | 4,2 : 1 | 0,34 |
| | 6 Postes | 72 | 777,9 | 1173,9 | 350,6 | 3,3 : 1 | 0,27 |

Podemos observar que las uniformidades no son las apropiadas según los requerimientos, y los niveles medios de iluminación empleando la Powr-Spot no alcanzaron los deseados, excepto con la Ultra-Sport que sí pudo obtener valores cercanos.

Los pasos siguientes para ajustar los parámetros de calidad son los mismos empleados en el método teórico. Incluso, al modificar las uniformidades, los niveles tienden a bajar, por lo que es necesario agregar más luminarias hasta alcanzar todos los valores requeridos.

Por lo tanto, ambos métodos funcionan dando resultados cercanos.

**Manual de Luminotecnia**  *Ing. Miguel D'Addario*

*3) iluminación de una cancha "tipo" de béisbol de 6 y 8 postes.*

Al igual que el proyecto anterior, se consideran las dos luminarias más aptas para esta aplicación, las cuales son la "Ultra-Sport$^{TM}$ y la Powr-Spot$^{TM}$".

Los coeficientes de utilización están tabulados según el deporte, en este caso el CBU es igual a 0,65 para el infield y 0,85 para el outfield.

Además, se tomará como factor de mantenimiento igual a 0,75, según las indicaciones descritas.

Hay que recordar que los números de proyectores deben ser redondeados a un número par o que el sub-área pueda ser dividido en partes iguales.

Estos fueron los resultados de los cálculos realizados:

Para el infield:

| CLASE | Luminaria | $N_P$ / poste | $N_P$ total |
|---|---|---|---|
| I (8 postes) | Powr-Spot$^{TM}$ | 28 | 56 |
| | Ultra-Sport$^{TM}$ | 25 | 50 |
| II (6 postes) | Powr-Spot$^{TM}$ | 21 | 42 |
| | Ultra-Sport$^{TM}$ | 15 | 30 |

**Manual de Luminotecnia**  *Ing. Miguel D'Addario*

Para el outfield:

| CLASE | Luminaria | Np / poste | Np total |
|---|---|---|---|
| I (8 postes) | Powr-Spot™ | 15 | 90 |
| | Ultra-Sport™ | 15 | 90 |
| II (6 postes) | Powr-Spot™ | 21 (c, f) 9 (d, e) | 60 |
| | Ultra-Sport™ | 16 (c, f) 6 (d, e) | 44 |

La posición de los postes se coloca según las recomendaciones por la norma "IESNA RP-6", ya que se debe considerar el efecto de deslumbramiento.

Para la clase I, el infield será dividido en 2 partes iguales, y el outfield en 6 partes iguales también (en triángulos). Para la clase II, el infield se divide en 2 y el outfield en 4. Luego, cada sub-área será dividida igual al número de luminarias por poste (indicadas en la tabla anterior), y éstas apuntarán al centro de cada una. Se procede a elegir el NEMA más apto para este proyecto siguiendo los procedimientos indicados anteriormente:

| Luminaria | NEMA | Average (lux) (infield) | Average (lux) (outfield) | Máx. / Min. (infield) | Máx. / Min. (outfield) |
|---|---|---|---|---|---|
| Powr-Spot | 2X2 | 1153,6 | 725,2 | 2,1 : 1 | 1,9 : 1 |
| | 3X3 | 1081,2 | 746,8 | 2,1 : 1 | 2,0 : 1 |
| | 4X4 | 1061,0 | 754,2 | 2,9 : 1 | 2,7 : 1 |
| | 5X5 | 1015,2 | 747,5 | 3,6 : 1 | 3,6 : 1 |
| | 6X6 | 758,8 | 587,4 | 3,6 : 1 | 4,0 : 1 |
| Ultra-Sport | S02 4X2 | 1513,5 | 1112,7 | 3,3 : 1 | 2,3 : 1 |
| | M02 4X2 | 1473,6 | 1086,2 | 2,9 : 1 | 2,0 : 1 |
| | W02 5X3 | 1416,1 | 1065,2 | 3,3 : 1 | 2,3 : 1 |
| | WW2 5X4 | 1286,4 | 993,2 | 5,8 : 1 | 4,7 : 1 |

Manual de Luminotecnia  Ing. Miguel D'Addario

Para clase II (6 postes):

| Luminaria | NEMA | Average (lux) (infield) | Average (lux) (outfield) | Máx. / Min. (infield) | Máx. / Min. (outfield) |
|---|---|---|---|---|---|
| Powr-Spot | 2X2 | 1089,9 | 501,2 | 3,4 : 1 | 4,0 : 1 |
| | 3X3 | 819,7 | 496,5 | 2,7 : 1 | 3,5 : 1 |
| | 4X4 | 790,4 | 504,0 | 3,6 : 1 | 4,8 : 1 |
| | 5X5 | 762,1 | 501,9 | 4,2 : 1 | 5,6 : 1 |
| | 6X6 | 558,2 | 393,9 | 4,0 : 1 | 6,0 : 1 |
| Ultra-Sport | S02 4X2 | 910,9 | 545,9 | 3,1 : 1 | 5,3 : 1 |
| | M02 4X2 | 877,5 | 526,3 | 2,8 : 1 | 4,6 : 1 |
| | W02 5X3 | 843,7 | 516,8 | 3,2 : 1 | 4,4 : 1 |
| | WW2 5X4 | 773,9 | 509,7 | 6,1 : 1 | 9,2 : 1 |

Podemos observar según las tablas anteriores que tanto para la clase I como la clase II, de la Powr-Spot, el más apto según el procedimiento de clasificación es el NEMA 2x2, y de la Ultra-Sport, el más apto es el de NEMA S02 4x2. Una vez colocados dichos proyectores con sus inclinaciones y orientaciones respectivas, se obtienen los siguientes resultados para la primera evaluación:

Para clase I (8 postes):

| Luminaria | Núm. proy. (infield) | Núm. proy. (outfield) | $E_{MED}$ (lux) (infield) | $E_{MED}$ (lux) (outfield) | Max. / Min. (infield) | Max. / Min. (outfield) | CV (infield) | CV (outfield) |
|---|---|---|---|---|---|---|---|---|
| Powr-Spot | 56 | 90 | 1153,6 | 725,2 | 2,1 : 1 | 1,9 : 1 | 0,22 | 0,13 |
| Ultra-Sport | 50 | 90 | 1513,5 | 1112,7 | 3,3 : 1 | 2,3 : 1 | 0,31 | 0,20 |

Para clase II (6 postes):

| Luminaria | Núm. proy. (infield) | Núm. proy. (outfield) | $E_{MED}$ (lux) (infield) | $E_{MED}$ (lux) (outfield) | Max. / Min. (infield) | Max. / Min. (outfield) | CV (infield) | CV (outfield) |
|---|---|---|---|---|---|---|---|---|
| Powr-Spot | 50 | 90 | 1089,9 | 501,2 | 3,4 : 1 | 4,0 : 1 | 0,36 | 0,34 |
| Ultra-Sport | 42 | 76 | 910,9 | 545,9 | 3,1 : 1 | 5,3 : 1 | 0,28 | 0,42 |

Ninguna de las uniformidades y los niveles medios alcanzaron los valores requeridos.

Excepto la Ultra-Sport que si tuvo valores cercanos de iluminación para la clase I, pero dichos valores tenderán a bajar una vez que se trate de mejorar su uniformidad.

Consecuentemente, será necesario agregar o remover luminarias hasta establecer los valores de calidad requeridos.

Por lo tanto, esto demuestra que ambos métodos funcionan dando resultados cercanos.

# Manual de Luminotecnia  *Ing. Miguel D'Addario*

## Diagramas de flujo de procedimientos descritos

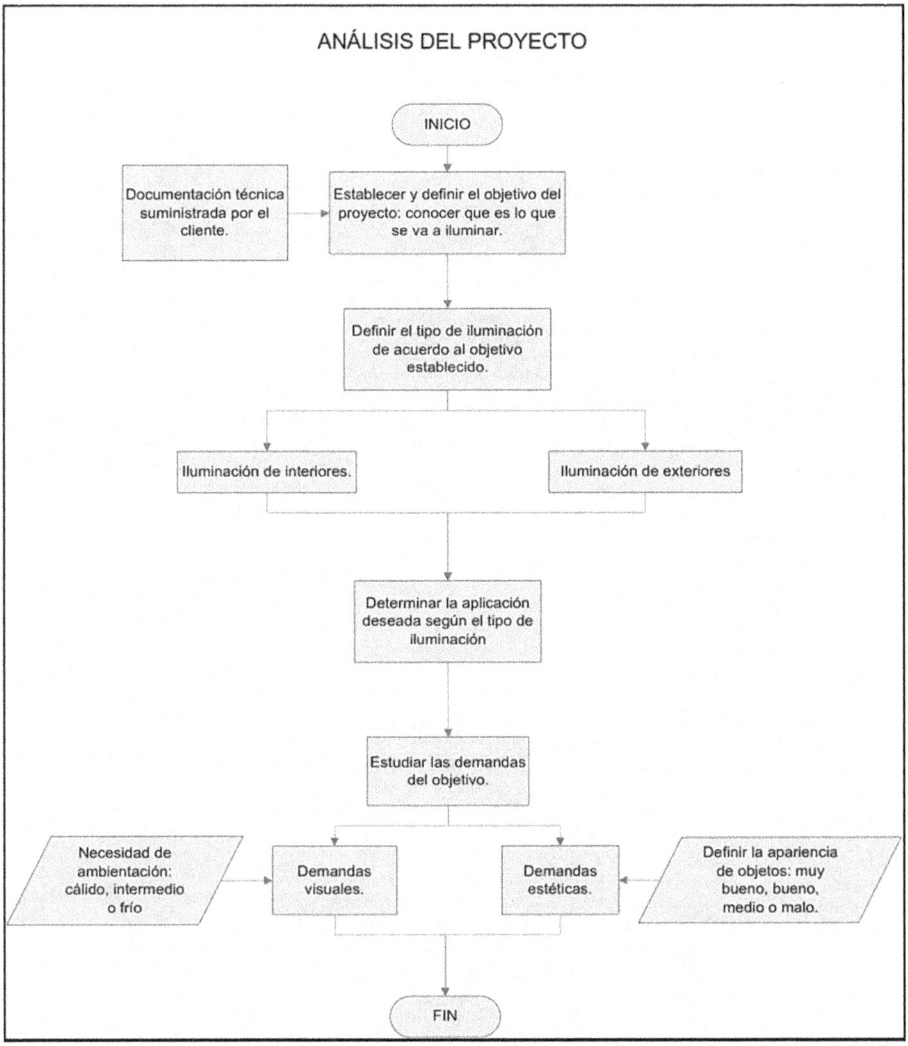

**ANÁLISIS DEL PROYECTO**

- INICIO
- Documentación técnica suministrada por el cliente. → Establecer y definir el objetivo del proyecto: conocer que es lo que se va a iluminar.
- Definir el tipo de iluminación de acuerdo al objetivo establecido.
  - Iluminación de interiores.
  - Iluminación de exteriores
- Determinar la aplicación deseada según el tipo de iluminación
- Estudiar las demandas del objetivo.
  - Necesidad de ambientación: cálido, intermedio o frío → Demandas visuales.
  - Demandas estéticas. ← Definir la apariencia de objetos: muy bueno, bueno, medio o malo.
- FIN

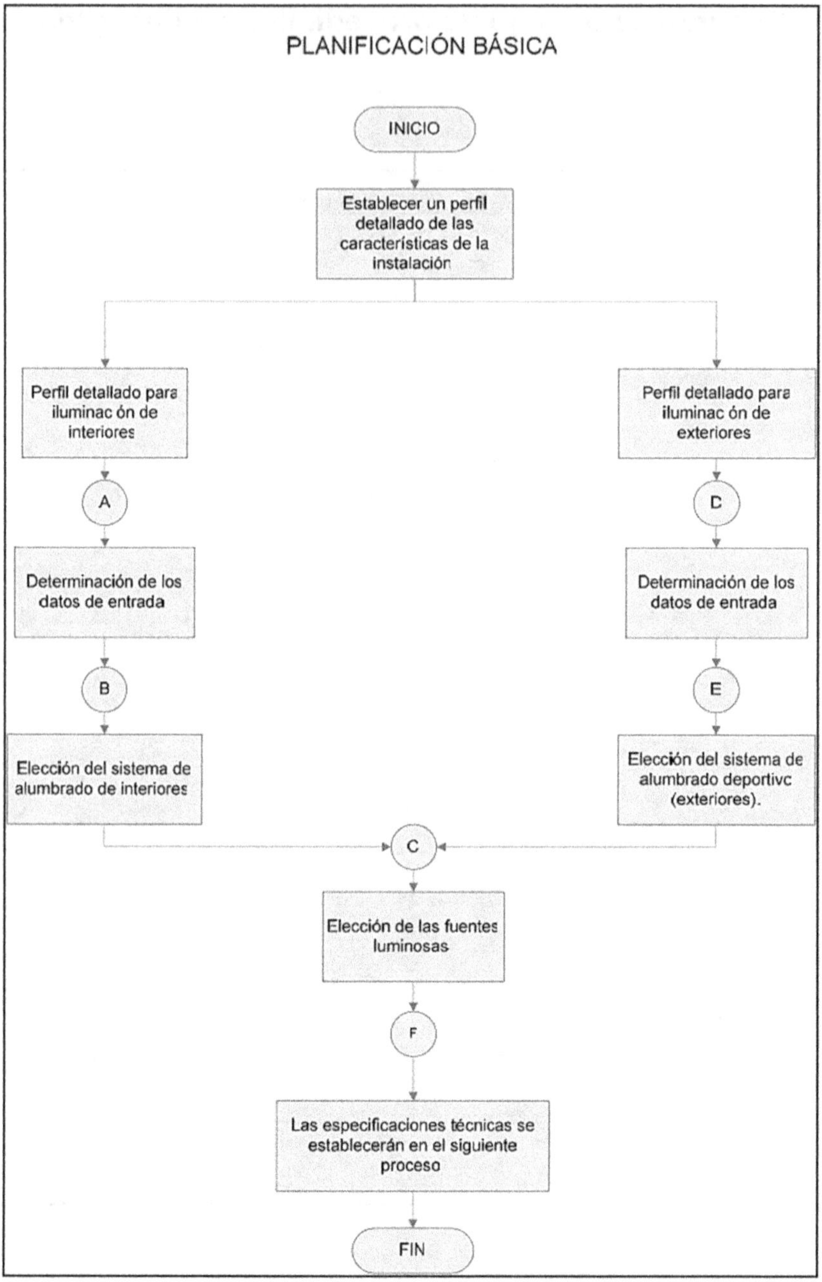

# Manual de Luminotecnia  *Ing. Miguel D'Addario*

## PLANIFICACIÓN BÁSICA

```
                    INICIO
                       │
                       ▼
         Establecer un perfil detallado
         de las características de la
                  instalación
           ┌───────────┴───────────┐
           ▼                       ▼
   Perfil detallado para    Perfil detallado para
    iluminación de           iluminación de
        interiores               exteriores
           │                       │
          (A)                     (D)
           │                       │
           ▼                       ▼
   Determinación de los    Determinación de los
     datos de entrada        datos de entrada
           │                       │
          (B)                     (E)
           │                       │
           ▼                       ▼
   Elección del sistema de  Elección del sistema de
   alumbrado de interiores   alumbrado deportivo
                                (exteriores).
           └───────────┬───────────┘
                      (C)
                       ▼
              Elección de las fuentes
                    luminosas
                       │
                      (F)
                       ▼
           Las especificaciones técnicas se
           establecerán en el siguiente
                    proceso
                       │
                       ▼
                      FIN
```

204

**Manual de Luminotecnia**  *Ing. Miguel D'Addario*

## Datos de entrada para iluminación de interiores

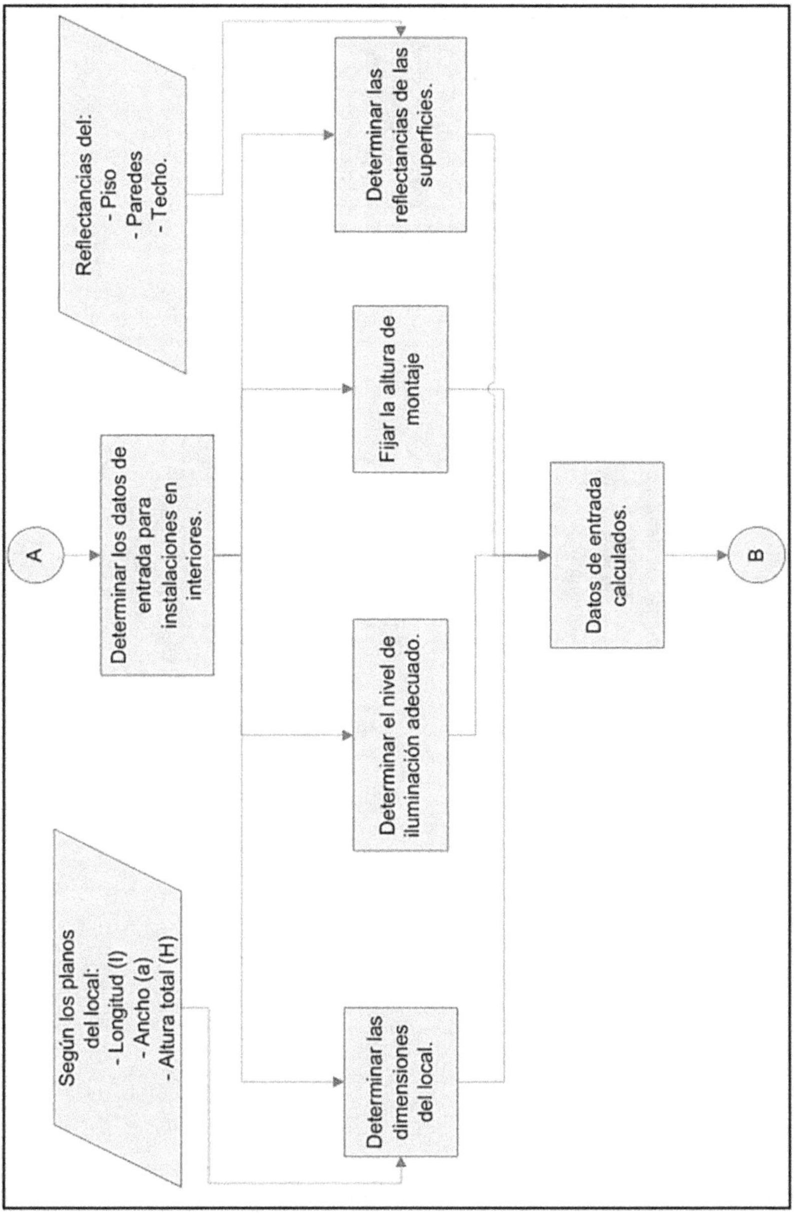

- Reflectancias del:
  - Piso
  - Paredes
  - Techo.

- Según los planos del local:
  - Longitud (l)
  - Ancho (a)
  - Altura total (H)

A → Determinar los datos de entrada para instalaciones en interiores.

- Determinar las reflectancias de las superficies.
- Fijar la altura de montaje.
- Determinar el nivel de iluminación adecuado.
- Determinar las dimensiones del local.

→ Datos de entrada calculados. → B

## Datos de entrada para iluminación de exteriores.

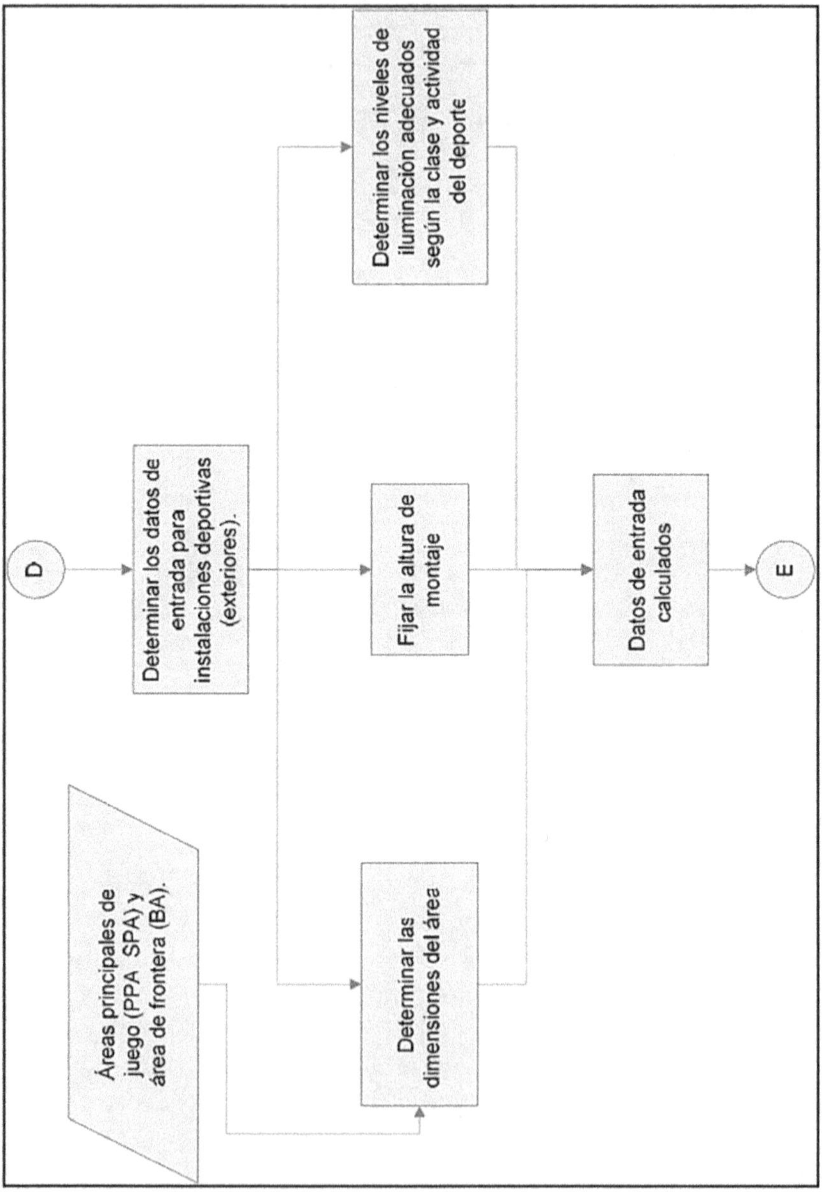

- Determinar los datos de entrada para instalaciones deportivas (exteriores).
- Determinar los niveles de iluminación adecuados según la clase y actividad del deporte
- Áreas principales de juego (PPA, SPA) y área de frontera (BA).
- Determinar las dimensiones del área
- Fijar la altura de montaje
- Datos de entrada calculados

# Sistema de alumbrado para iluminación de interiores

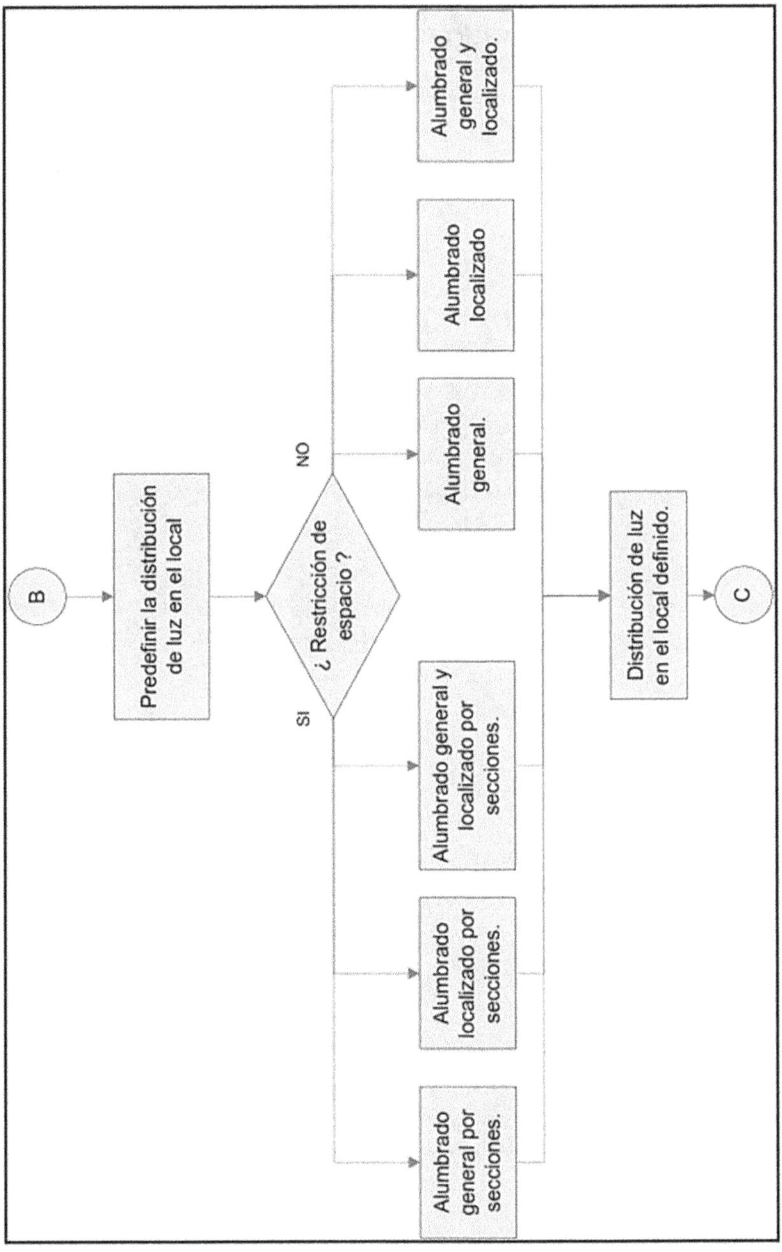

- B → Predefinir la distribución de luz en el local → ¿ Restricción de espacio ?
  - NO:
    - Alumbrado general y localizado.
    - Alumbrado localizado.
    - Alumbrado general.
  - SI:
    - Alumbrado general y localizado por secciones.
    - Alumbrado localizado por secciones.
    - Alumbrado general por secciones.
- → Distribución de luz en el local definido. → C

## Sistema de alumbrado para iluminación de exteriores

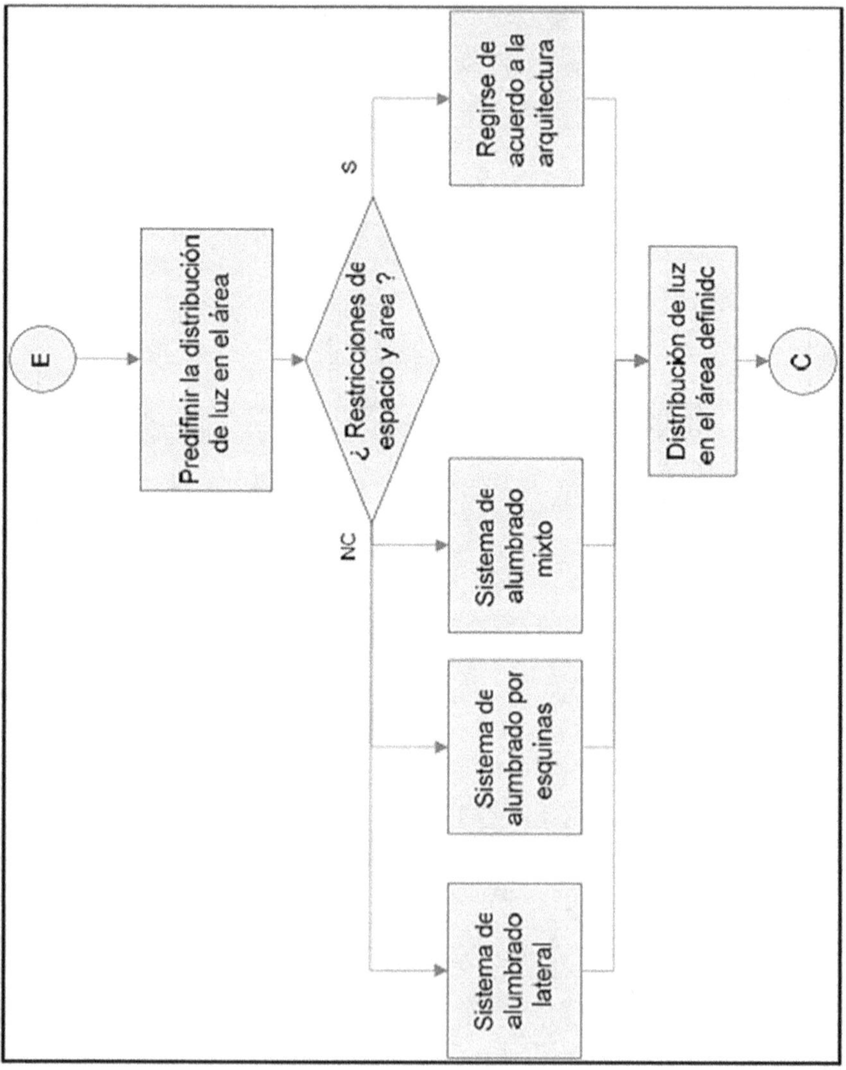

**Manual de Luminotecnia**  *Ing. Miguel D'Addario*

## Elección de las fuentes luminosas

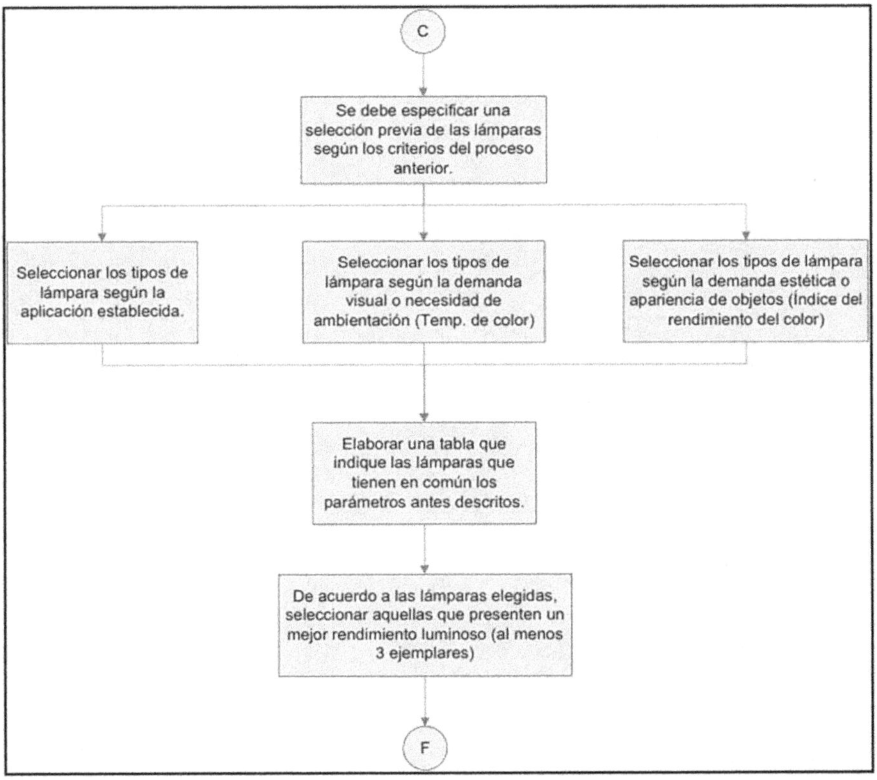

```
                              ( C )
                                │
                    ┌───────────▼───────────┐
                    │ Se debe especificar una │
                    │ selección previa de las │
                    │ lámparas según los      │
                    │ criterios del proceso   │
                    │ anterior.               │
                    └───────────┬───────────┘
        ┌───────────────────────┼───────────────────────┐
        ▼                       ▼                       ▼
┌───────────────┐     ┌───────────────────┐     ┌────────────────────┐
│ Seleccionar   │     │ Seleccionar los    │     │ Seleccionar los    │
│ los tipos de  │     │ tipos de lámpara   │     │ tipos de lámpara   │
│ lámpara según │     │ según la demanda   │     │ según la demanda   │
│ la aplicación │     │ visual o necesidad │     │ estética o         │
│ establecida.  │     │ de ambientación    │     │ apariencia de      │
│               │     │ (Temp. de color)   │     │ objetos (Índice    │
│               │     │                    │     │ del rendimiento    │
│               │     │                    │     │ del color)         │
└───────┬───────┘     └─────────┬──────────┘     └─────────┬──────────┘
        └───────────────────────┼───────────────────────────┘
                                ▼
                    ┌───────────────────────┐
                    │ Elaborar una tabla    │
                    │ que indique las       │
                    │ lámparas que tienen   │
                    │ en común los          │
                    │ parámetros antes      │
                    │ descritos.            │
                    └───────────┬───────────┘
                                ▼
                    ┌───────────────────────────┐
                    │ De acuerdo a las lámparas  │
                    │ elegidas, seleccionar      │
                    │ aquellas que presenten un  │
                    │ mejor rendimiento luminoso │
                    │ (al menos 3 ejemplares)    │
                    └───────────┬───────────────┘
                                ▼
                              ( F )
```

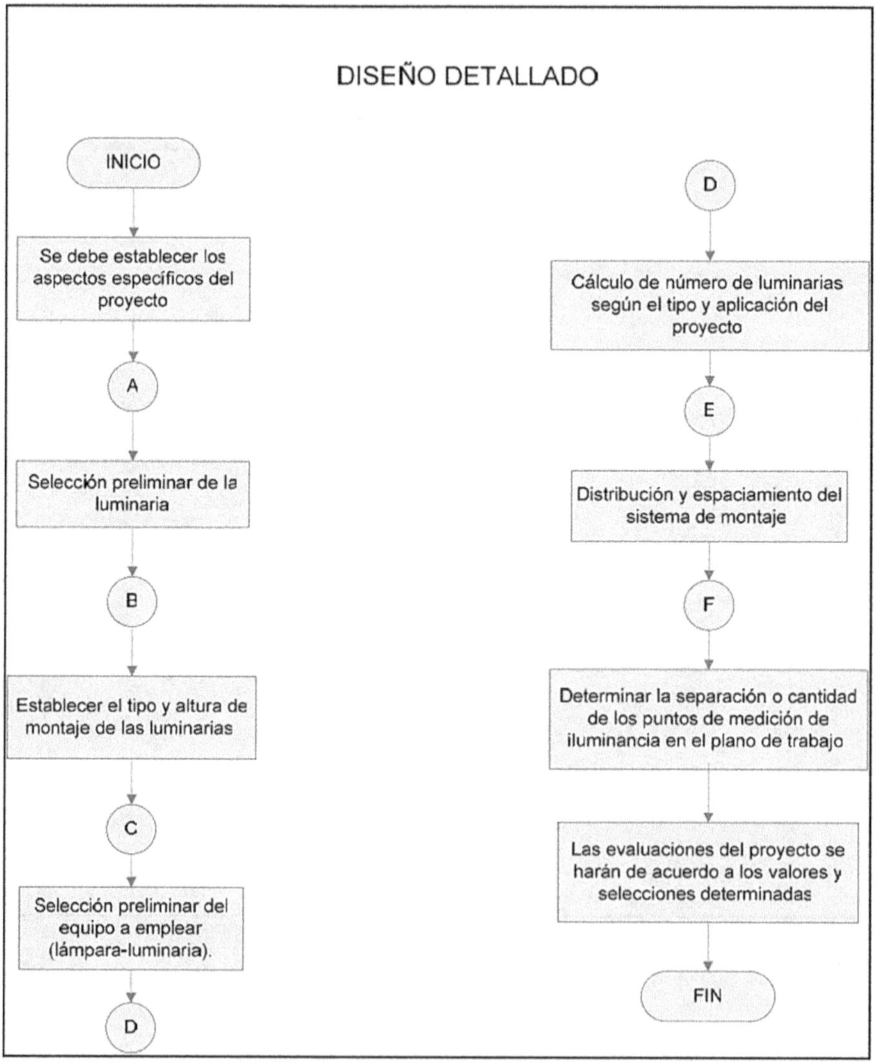

# Manual de Luminotecnia — Ing. Miguel D'Addario

## DISEÑO DETALLADO

INICIO
↓
Se debe establecer los aspectos específicos del proyecto
↓ (A)
Selección preliminar de la luminaria
↓ (B)
Establecer el tipo y altura de montaje de las luminarias
↓ (C)
Selección preliminar del equipo a emplear (lámpara-luminaria).
↓ (D)

(D)
↓
Cálculo de número de luminarias según el tipo y aplicación del proyecto
↓ (E)
Distribución y espaciamiento del sistema de montaje
↓ (F)
Determinar la separación o cantidad de los puntos de medición de iluminancia en el plano de trabajo
↓
Las evaluaciones del proyecto se harán de acuerdo a los valores y selecciones determinadas
↓
FIN

# Manual de Luminotecnia — Ing. Miguel D'Addario

## Selección preliminar de la luminaria

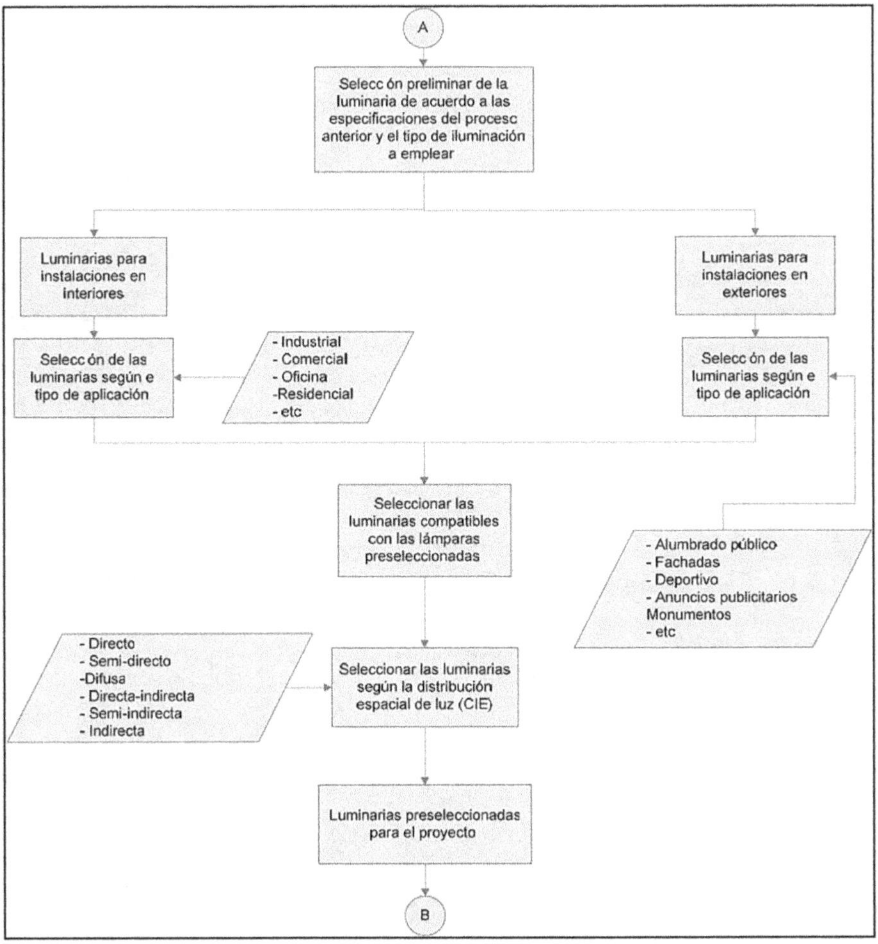

# Manual de Luminotecnia  *Ing. Miguel D'Addario*

## Tipo y altura de montaje luminarias x tipo iluminación

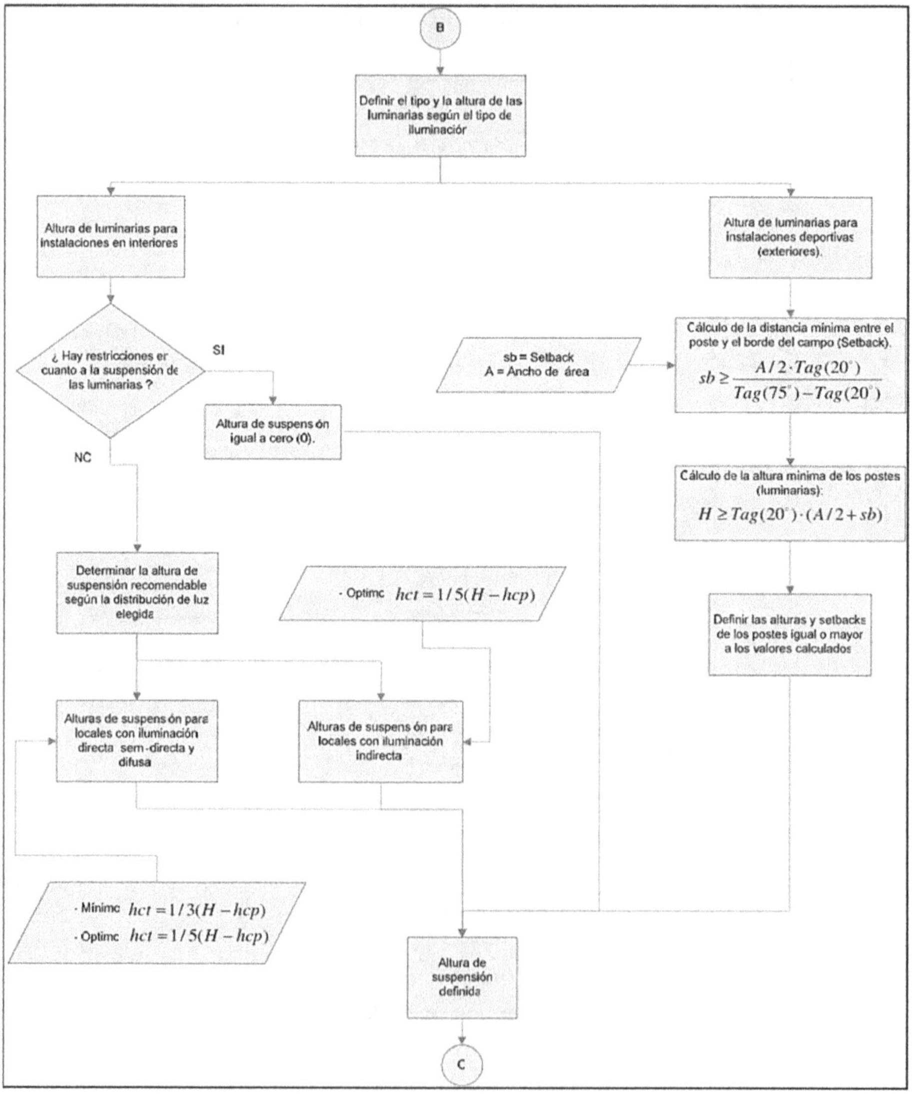

**B**

Definir el tipo y la altura de las luminarias según el tipo de iluminación

- Altura de luminarias para instalaciones en interiores
- Altura de luminarias para instalaciones deportivas (exteriores).

¿Hay restricciones en cuanto a la suspensión de las luminarias?

- SI → Altura de suspensión igual a cero (0).
- NO

sb = Setback
A = Ancho de área

Cálculo de la distancia mínima entre el poste y el borde del campo (Setback).

$$sb \geq \frac{A/2 \cdot Tag(20°)}{Tag(75°) - Tag(20°)}$$

Cálculo de la altura mínima de los postes (luminarias):

$$H \geq Tag(20°) \cdot (A/2 + sb)$$

Determinar la altura de suspensión recomendable según la distribución de luz elegida

· Optimo $hct = 1/5(H - hcp)$

Definir las alturas y setbacks de los postes igual o mayor a los valores calculados

- Alturas de suspensión para locales con iluminación directa, semi-directa y difusa
- Alturas de suspensión para locales con iluminación indirecta

· Mínimo $hct = 1/3(H - hcp)$
· Optimo $hct = 1/5(H - hcp)$

Altura de suspensión definida

**C**

# Equipo de acuerdo a especificaciones establecidas

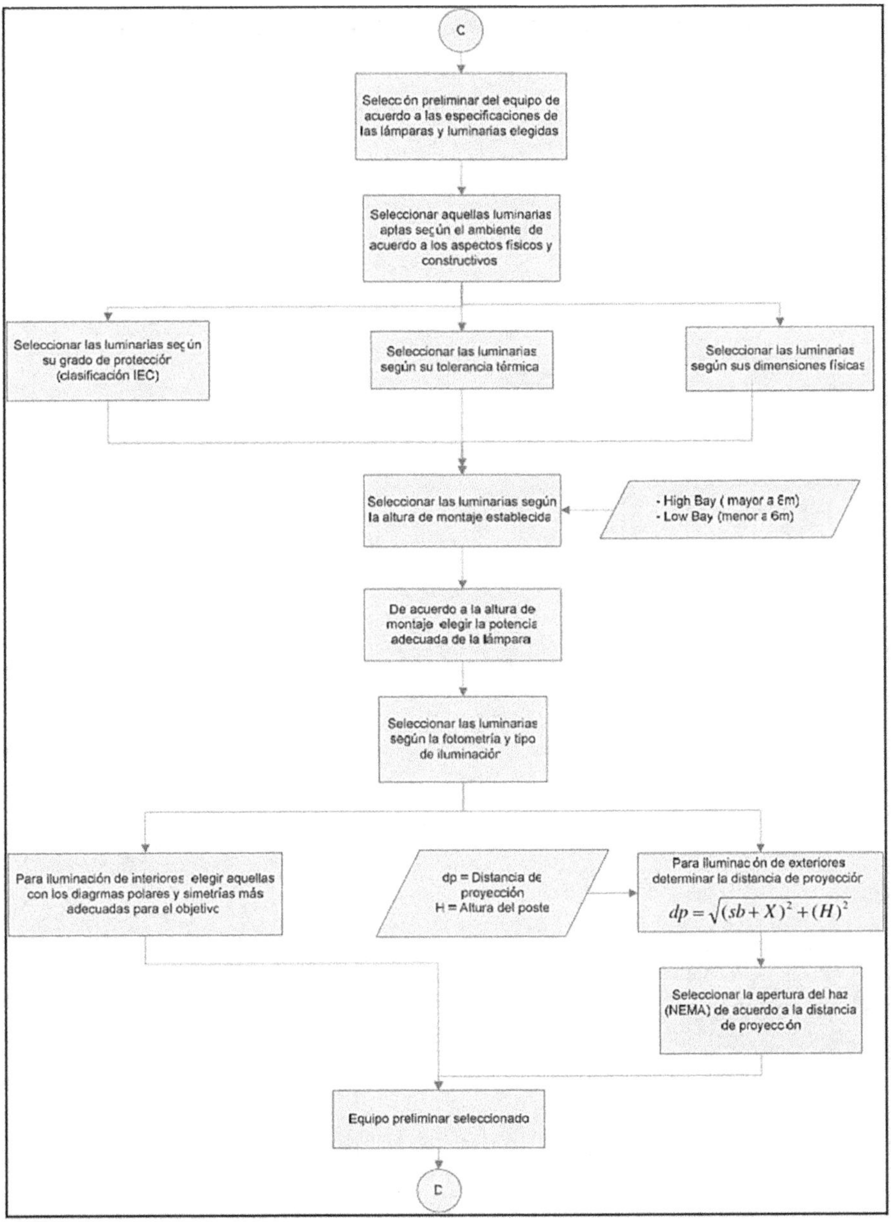

```
                    ┌───┐
                    │ C │
                    └─┬─┘
                      ▼
         ┌────────────────────────────┐
         │ Selección preliminar del   │
         │ equipo de acuerdo a las    │
         │ especificaciones de las    │
         │ lámparas y luminarias      │
         │ elegidas                   │
         └────────────┬───────────────┘
                      ▼
         ┌────────────────────────────┐
         │ Seleccionar aquellas       │
         │ luminarias aptas según el  │
         │ ambiente de acuerdo a los  │
         │ aspectos físicos y         │
         │ constructivos              │
         └────────────┬───────────────┘
```

- Seleccionar las luminarias según su grado de protección (clasificación IEC)
- Seleccionar las luminarias según su tolerancia térmica
- Seleccionar las luminarias según sus dimensiones físicas

Seleccionar las luminarias según la altura de montaje establecida
- High Bay (mayor a 6m)
- Low Bay (menor a 6m)

De acuerdo a la altura de montaje elegir la potencia adecuada de la lámpara

Seleccionar las luminarias según la fotometría y tipo de iluminación

Para iluminación de interiores elegir aquellas con los diagramas polares y simetrías más adecuadas para el objetivo

dp = Distancia de proyección
H = Altura del poste

Para iluminación de exteriores determinar la distancia de proyección

$$dp = \sqrt{(sb + X)^2 + (H)^2}$$

Seleccionar la apertura del haz (NEMA) de acuerdo a la distancia de proyección

Equipo preliminar seleccionado

# Manual de Luminotecnia   *Ing. Miguel D'Addario*

## Número de luminarias por tipo de iluminación

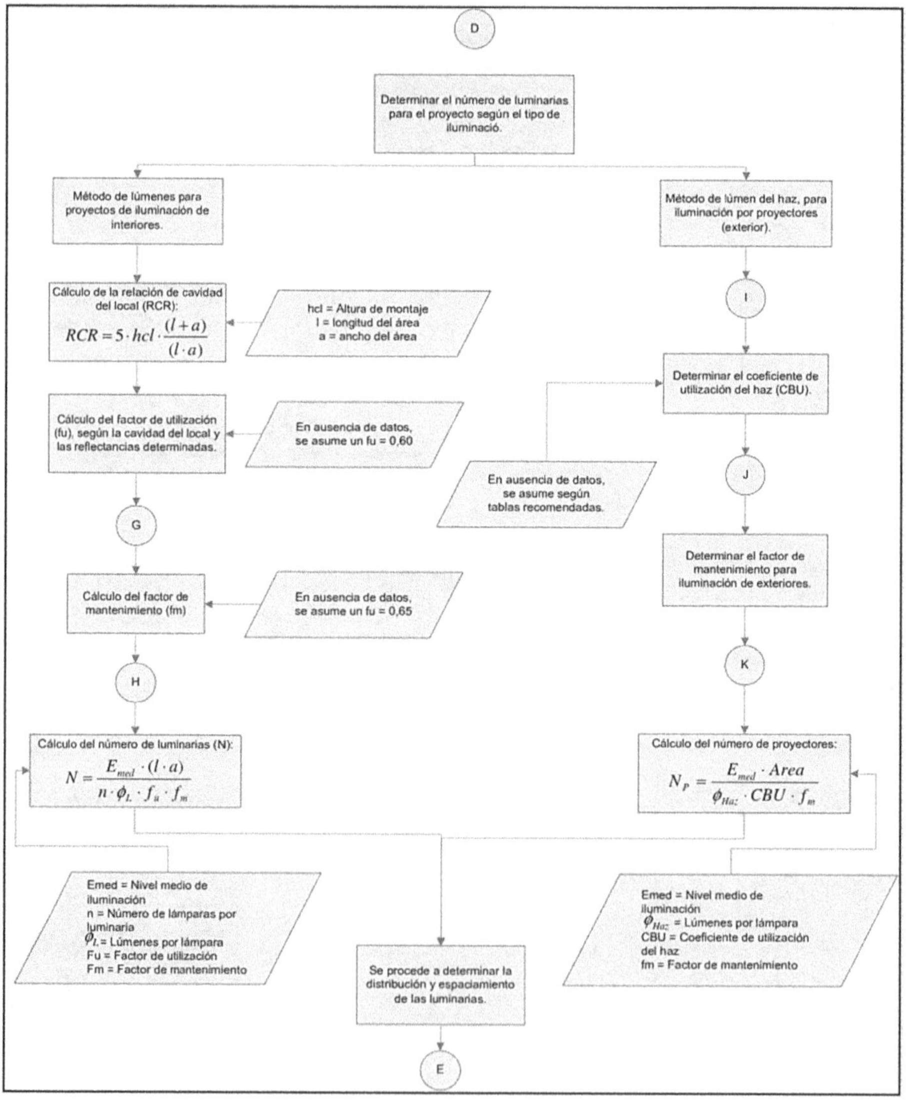

**D**

Determinar el número de luminarias para el proyecto según el tipo de iluminación.

- Método de lúmenes para proyectos de iluminación de interiores.
- Método de lúmen del haz, para iluminación por proyectores (exterior).

**Método de lúmenes (interiores):**

Cálculo de la relación de cavidad del local (RCR):

$$RCR = 5 \cdot hcl \cdot \frac{(l+a)}{(l \cdot a)}$$

- hcl = Altura de montaje
- l = longitud del área
- a = ancho del área

Cálculo del factor de utilización (fu), según la cavidad del local y las reflectancias determinadas.

En ausencia de datos, se asume un fu = 0,60.

**G**

Cálculo del factor de mantenimiento (fm).

En ausencia de datos, se asume un fu = 0,65.

**H**

Cálculo del número de luminarias (N):

$$N = \frac{E_{med} \cdot (l \cdot a)}{n \cdot \phi_L \cdot f_u \cdot f_m}$$

- Emed = Nivel medio de iluminación
- n = Número de lámparas por luminaria
- $\phi_L$ = Lúmenes por lámpara
- Fu = Factor de utilización
- Fm = Factor de mantenimiento

**Método de lúmen del haz (exterior):**

**I**

Determinar el coeficiente de utilización del haz (CBU).

En ausencia de datos, se asume según tablas recomendadas.

**J**

Determinar el factor de mantenimiento para iluminación de exteriores.

**K**

Cálculo del número de proyectores:

$$N_P = \frac{E_{med} \cdot Area}{\phi_{Haz} \cdot CBU \cdot f_m}$$

- Emed = Nivel medio de iluminación
- $\phi_{Haz}$ = Lúmenes por lámpara
- CBU = Coeficiente de utilización del haz
- fm = Factor de mantenimiento

Se procede a determinar la distribución y espaciamiento de las luminarias.

**E**

**Manual de Luminotecnia**  *Ing. Miguel D'Addario*

## Factor de mantenimiento p/ iluminación de interiores

```
(G) → Determinar los factores parciales de depreciación para iluminación de interiores
        ├→ Determinar el grado de suciedad del local y tiempo de limpieza
        │       → Determinar la depreciación por suciedad sobre las superficies del local (FDR) según la distribución luminica el RCR y el grado de suciedad
        │               ← Por medio de tablas y gráficas
        ├→ Determinar la depreciación de la luminaria (FDS) según el grado de suciedad y la hermeticidad del equipo
        │       ← Por medio de tablas y gráficas
        └→ Cálculo de depreciación del flujo de la lámpara (FDF)
                N = Lum.medios / Lum.iniciales

Cálculo del factor de mantenimiento
$$f_m = (FDF \cdot FDS \cdot FDR)$$
→ (H)
```

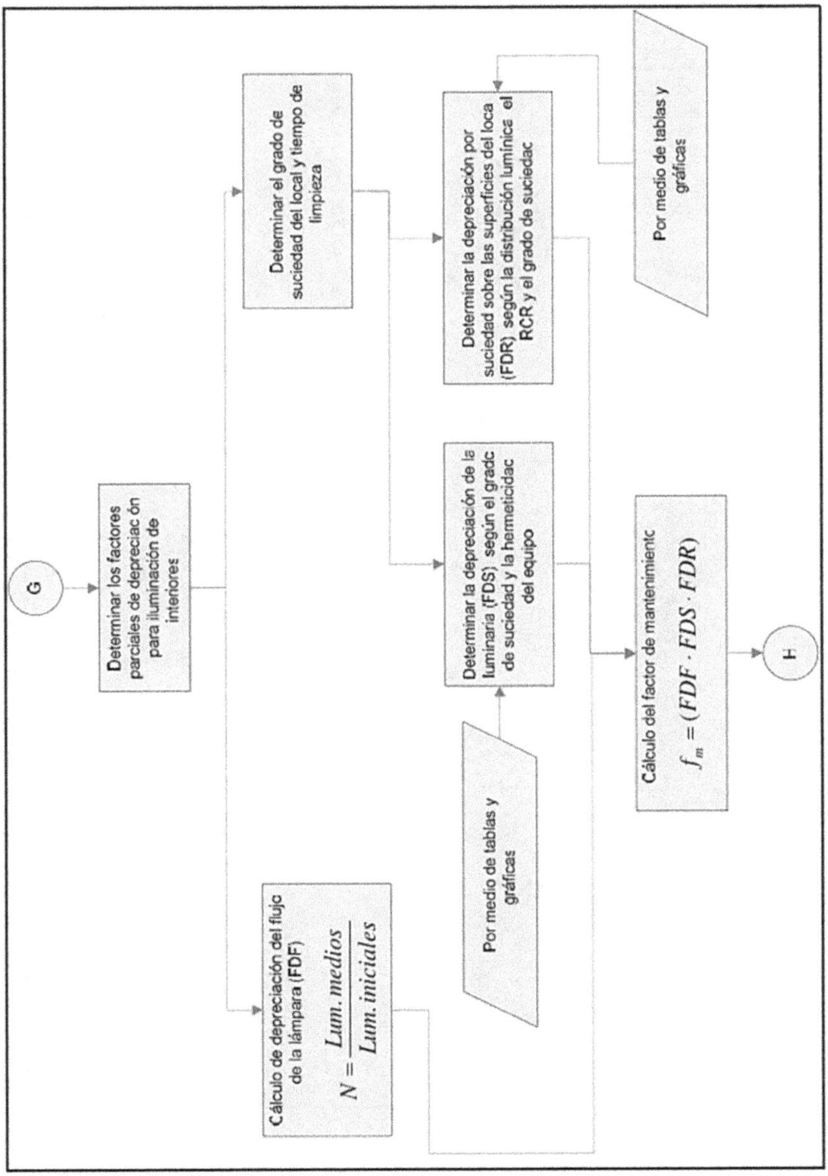

## Factor de mantenimiento p/ iluminación de exteriores

```
J → Determinar los factores parciales de depreciación para iluminación de exteriores
  → Determinar el grado de suciedad de área y tiempo de limpieza
      → Determinar la depreciación de la luminaria (FDS) según el grado de suciedad y la hermeticidad del equipo
          ← Por medio de tablas y gráficas
      → Cálculo del factor de mantenimiento:
          $f_m = (FDF \cdot FDS)$ → K
  → Cálculo de depreciación del flujo de la lámpara (FDF)
      $N = \dfrac{Lum.\,medios}{Lum.\,iniciales}$
```

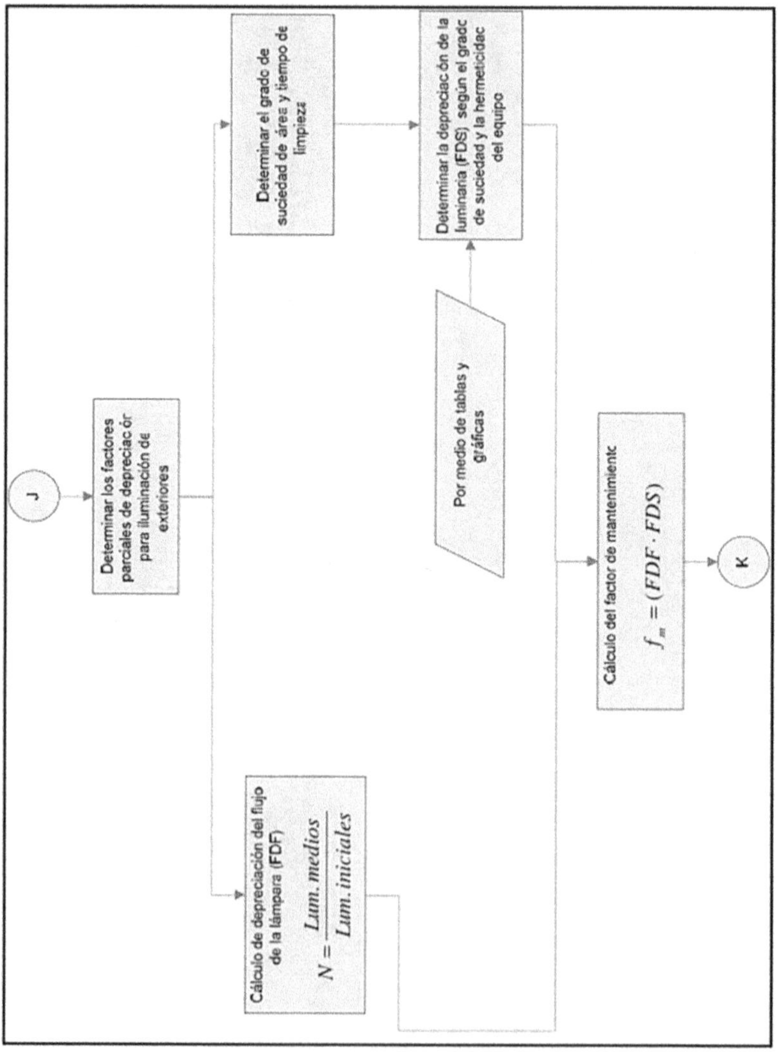

# Coeficiente de utilización del haz (CBU)

Posicionar el poste a una distancia del borde del campo (sb) con su respectiva altura (H).

↓

Hallar el ángulo que determine los lúmenes útiles derramados en dicha área

$$\alpha_3 = \alpha_1 - \alpha_2$$

↓

Determinar el ángulo de inclinación central en el área derramada

$$\alpha_4 = \frac{\alpha_3}{2}$$

↓

CBU+ = relación por encima de $\alpha_4$
CBU- = relación por debajo de $\alpha_4$

→ Determinar la relación entre los lúmenes acumulativos y los lúmenes totales de la lámpara (CBU*) en función del ángulo por encima y por debajo del centro

$$CBU^* = CBU^+ + CBU^-$$

↓

W = Ancho de área visto desde el proyector
H = Altura de la luminaria
sb = Setback

→ Cálculo del factor del campo

$$FF = \frac{W}{\sqrt{H^2 + SB^2}}$$

↓

Por medio de tablas recomendadas

→ Determinar el factor de ajustamiento (AAF) según el NEMA elegido

↓

Cálculo del coeficiente de utilización del haz

$$CBU = CBU^* \cdot AAF$$

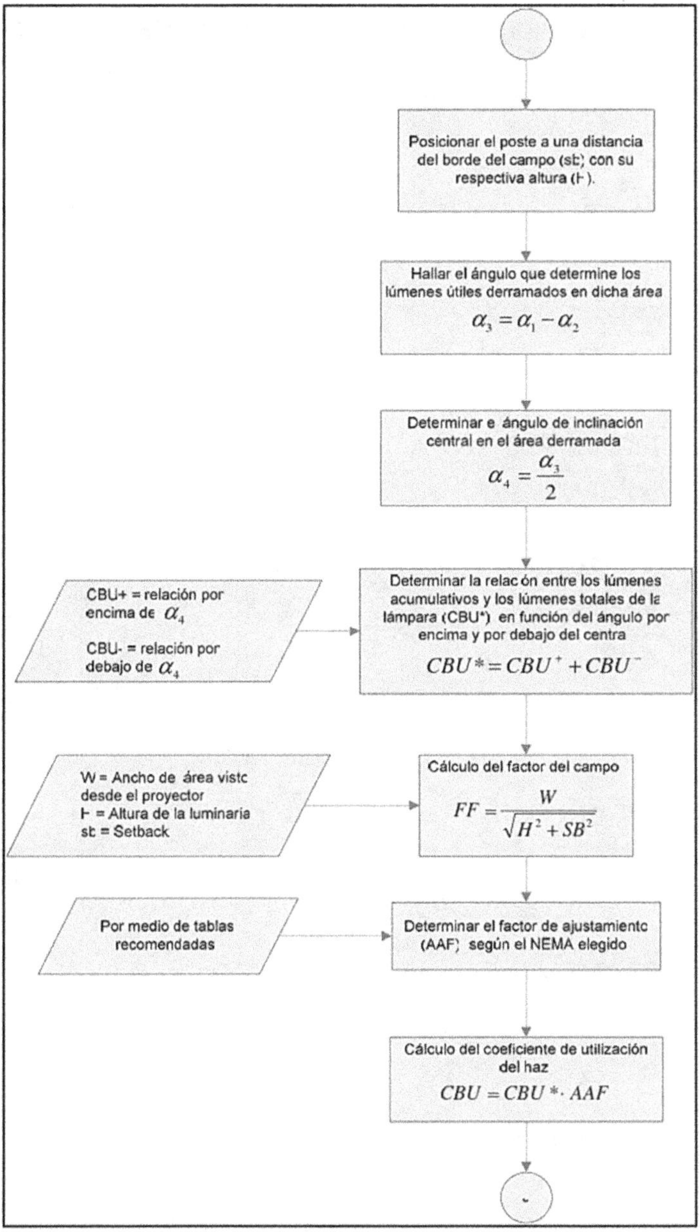

# Manual de Luminotecnia  *Ing. Miguel D'Addario*

## Sistema de montaje de luminarias tipo de iluminación

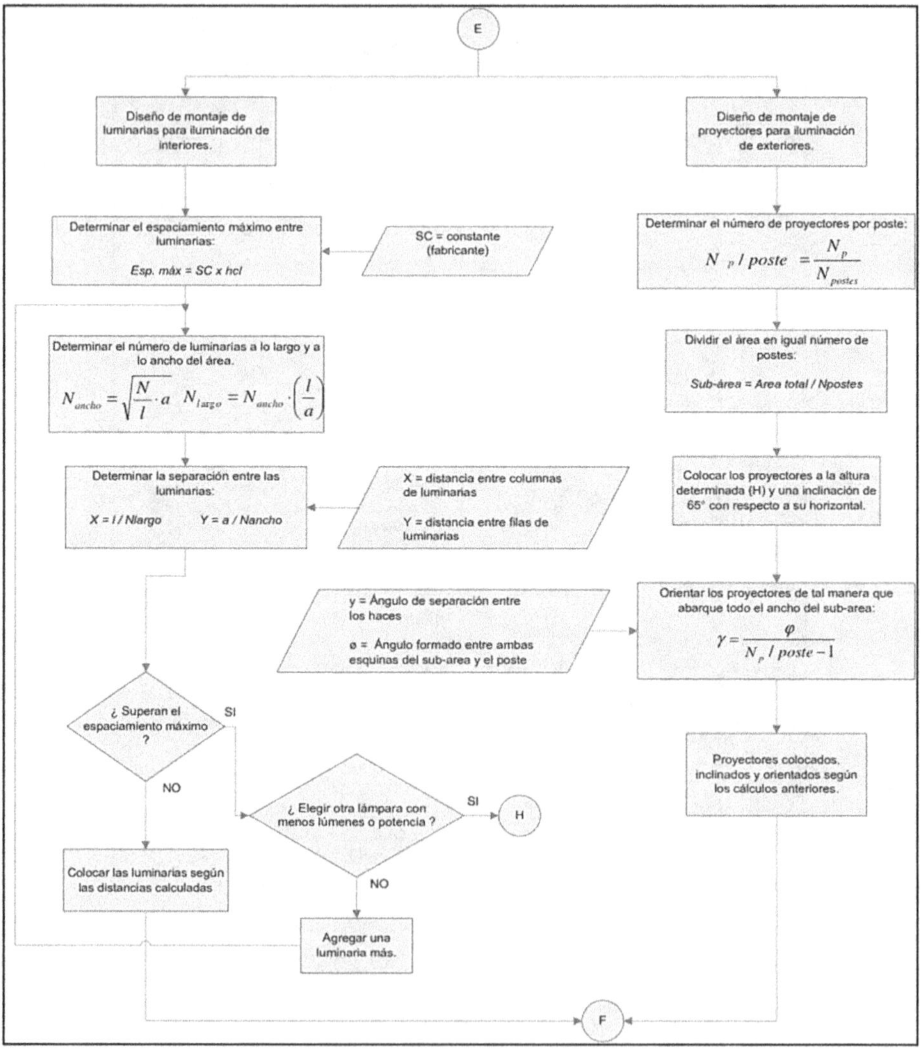

**E**

- Diseño de montaje de luminarias para iluminación de interiores.
- Diseño de montaje de proyectores para iluminación de exteriores.

Determinar el espaciamiento máximo entre luminarias:

$$Esp.\ máx = SC \times hcl$$

SC = constante (fabricante)

Determinar el número de proyectores por poste:

$$N_p / poste = \frac{N_p}{N_{postes}}$$

Determinar el número de luminarias a lo largo y a lo ancho del área.

$$N_{ancho} = \sqrt{\frac{N}{l} \cdot a} \quad N_{largo} = N_{ancho} \cdot \left(\frac{l}{a}\right)$$

Dividir el área en igual número de postes:

Sub-área = Area total / Npostes

Determinar la separación entre las luminarias:

$$X = l / Nlargo \quad Y = a / Nancho$$

X = distancia entre columnas de luminarias

Y = distancia entre filas de luminarias

Colocar los proyectores a la altura determinada (H) y una inclinación de 65° con respecto a su horizontal.

y = Ángulo de separación entre los haces

ø = Ángulo formado entre ambas esquinas del sub-area y el poste

Orientar los proyectores de tal manera que abarque todo el ancho del sub-area:

$$\gamma = \frac{\varphi}{N_p / poste - 1}$$

¿ Superan el espaciamiento máximo ?

NO → Colocar las luminarias según las distancias calculadas

SI → ¿ Elegir otra lámpara con menos lúmenes o potencia ?

SI → **H**

NO → Agregar una luminaria más.

Proyectores colocados, inclinados y orientados según los cálculos anteriores.

**F**

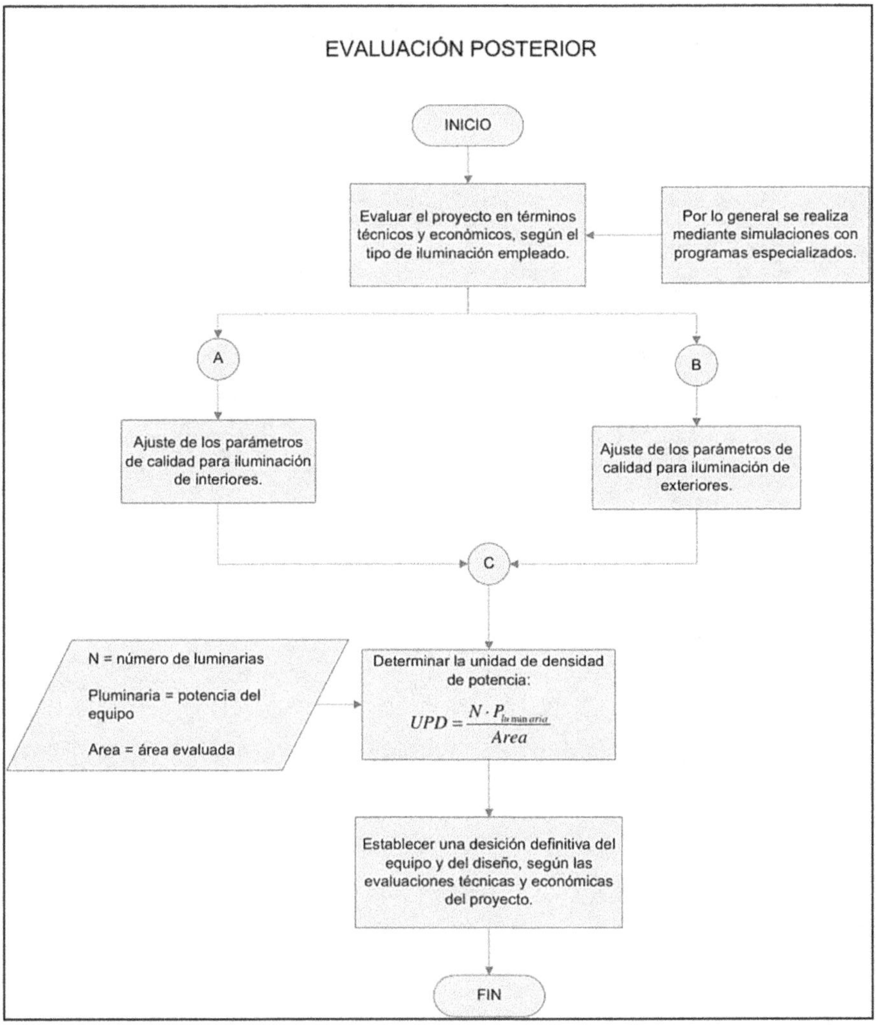

# Manual de Luminotecnia  *Ing. Miguel D'Addario*

## EVALUACIÓN POSTERIOR

**INICIO**

Evaluar el proyecto en términos técnicos y económicos, según el tipo de iluminación empleado. ← Por lo general se realiza mediante simulaciones con programas especializados.

**(A)**

Ajuste de los parámetros de calidad para iluminación de interiores.

**(B)**

Ajuste de los parámetros de calidad para iluminación de exteriores.

**(C)**

N = número de luminarias

Pluminaria = potencia del equipo

Area = área evaluada

→ Determinar la unidad de densidad de potencia:

$$UPD = \frac{N \cdot P_{luminaria}}{Area}$$

Establecer una desición definitiva del equipo y del diseño, según las evaluaciones técnicas y económicas del proyecto.

**FIN**

# Manual de Luminotecnia  *Ing. Miguel D'Addario*

## Parámetros de calidad para iluminación de interiores

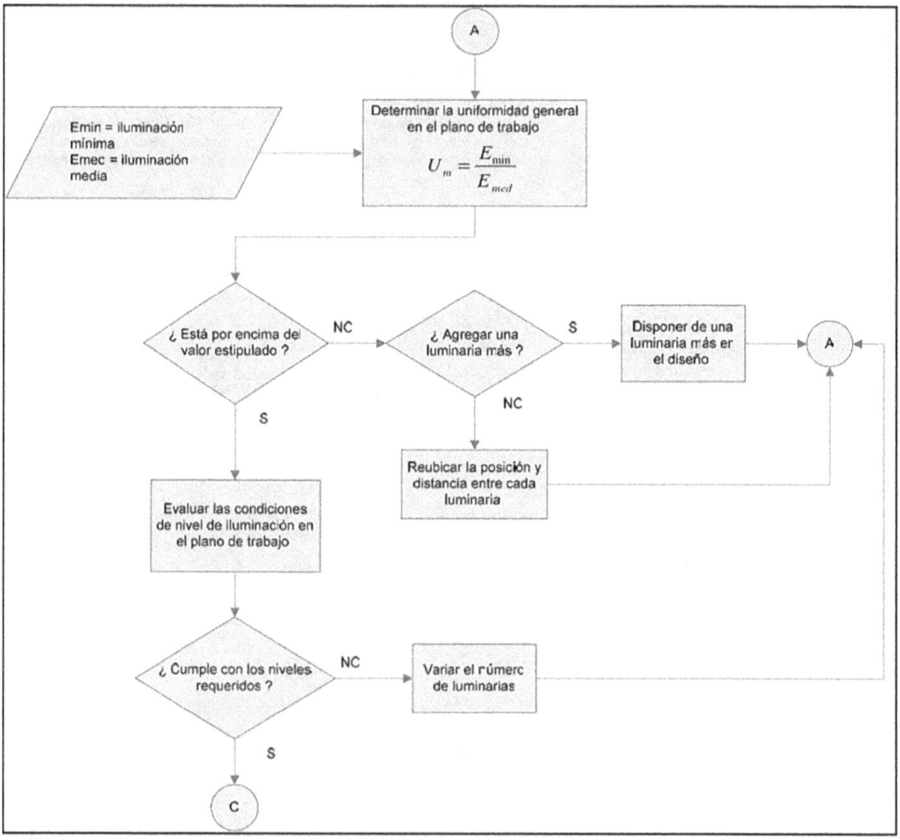

```
A
↓
Emin = iluminación mínima          Determinar la uniformidad general
Emec = iluminación media           en el plano de trabajo
                                   $$U_m = \frac{E_{min}}{E_{med}}$$
        ↓
¿Está por encima del     NC      ¿Agregar una       S    Disponer de una
valor estipulado?       ────►    luminaria más?    ───►  luminaria más en      A
                                                         el diseño
   │ S                              │ NC
   ▼                                ▼
Evaluar las condiciones          Reubicar la posición y
de nivel de iluminación en       distancia entre cada
el plano de trabajo              luminaria
   ↓
¿Cumple con los niveles   NC     Variar el número
requeridos?              ────►   de luminarias
   │ S
   ▼
   C
```

# Parámetros de calidad para iluminación de exteriores

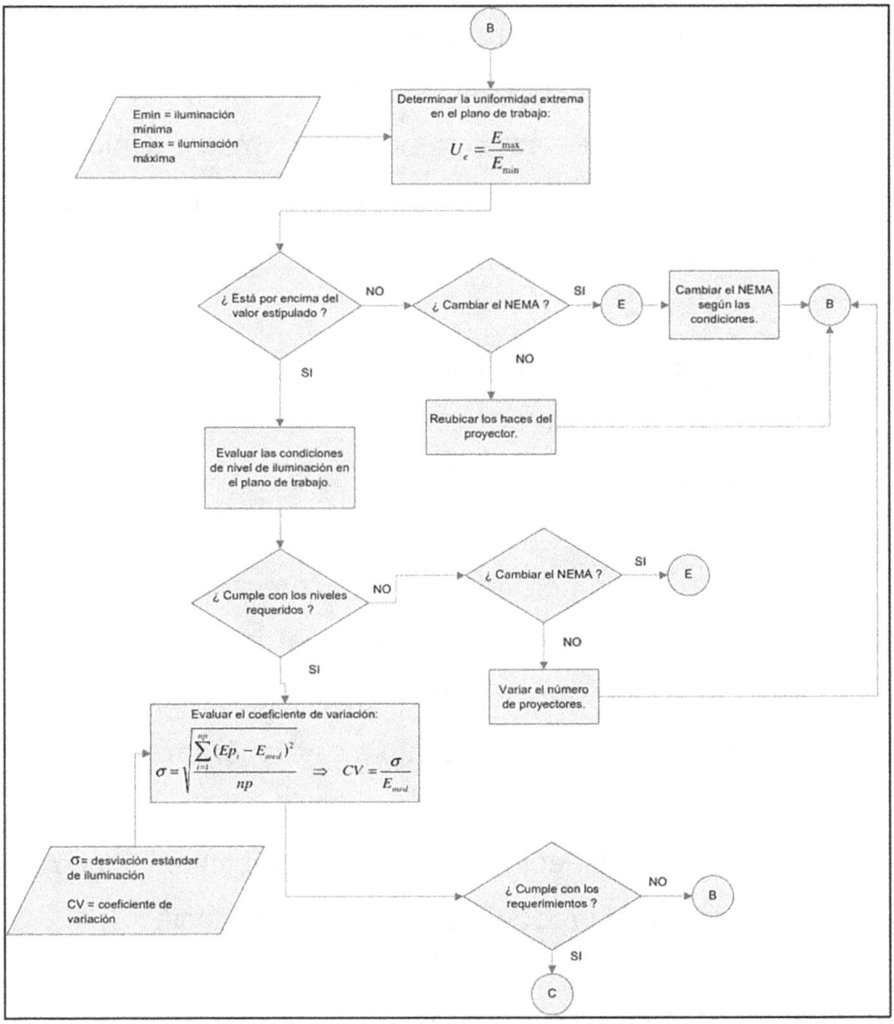

*Diagrama de deslumbramiento (sollner) para instalaciones de alumbrado en interiores*

El deslumbramiento provoca una disminución de la percepción visual del ojo humano, por lo que es necesario evitar este efecto lo más posible, especialmente en aquellos lugares donde se requiere una alta tarea visual.

Los diagramas de deslumbramiento o de "Sollner" sirven para evaluar el deslumbramiento directo que puede provocar una luminaria.

Para evitarlo, las normas de la CIE prescriben límites para las luminancias bajo los ángulos de observación de 45° a 85°, en función de la iluminancia media del local y las exigencias en cuanto a deslumbramiento.

Las tareas y las actividades se clasifican en cinco grupos según el grado de control de luminancia.

La siguiente tabla muestra dicha clasificación:

| Clase de calidad | Índice de deslumbramiento (G) | Tipo de actividad o tarea |
|---|---|---|
| A, calidad muy alta | 1,15 | Tareas visuales muy exactas. |
| B, calidad alta | 1,50 | Tareas con grandes demandas visuales. Tareas con demandas visuales moderadas pero con alta concentración. |
| C, calidad media | 1,85 | Tareas con demandas visuales moderadas y demandas moderadas de concentración y con cierto grado de movilidad del trabajador. |
| D, calidad baja | 2,20 | Tareas con niveles de demanda de concentración y visual bajas con trabajadores en movimiento dentro del área establecida. |
| E, calidad muy baja | 2,55 | Interiores donde los trabajadores no sólo se mueven dentro del área de trabajo sino de un lugar a otro y realizan tareas de baja demanda visual. |

Los índices de deslumbramiento (G) para una fuente de luz simple o para un grupo de éstos, son determinados a partir de la expresión matemática desarrollada por la CIE, la cual es:

$$G = 8 \cdot Log\left( 2 \cdot \frac{1 + E_d / 500}{E_i + E_d} \cdot \sum \frac{L^2 \cdot \omega}{p^2} \right)$$

donde:  $G$ = Índice de deslumbramiento

$E_d$ y $E_i$ = Iluminancia vertical directa e indirecta en el ojo (*lux*)

$L$ = Luminancia de la fuente (*cd/m²*)

$\omega$ = Tamaño de la fuente (*sr*)

$p$ = Índice de posición de Guth ( índice de posición de cada luminaria)

Para determinar si una luminaria cumple con una clase de deslumbramiento, se debe comprobar que la curva generada de a luminaria en función de la luminancia y los grados de visualización, no corte con la línea del gráfico que parte de la casilla en la que se indica la luminancia prevista y la clase de deslumbramiento seleccionado.

En caso de que se viole, se debe variar los ángulos de visualización para determinar la altura correcta de la luminaria (hg).

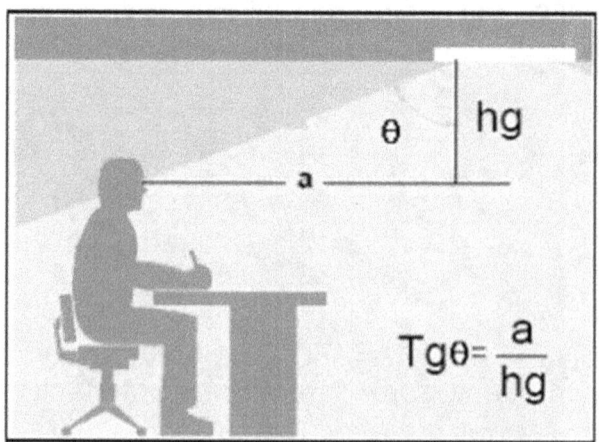

Esquema del ángulo de visualización en interiores

**Manual de Luminotecnia**  *Ing. Miguel D'Addario*

Diagramas de deslumbramiento para aquellas direcciones de visión: a) paralelas al eje longitudinal, b) en ángulos rectos a dicho eje.

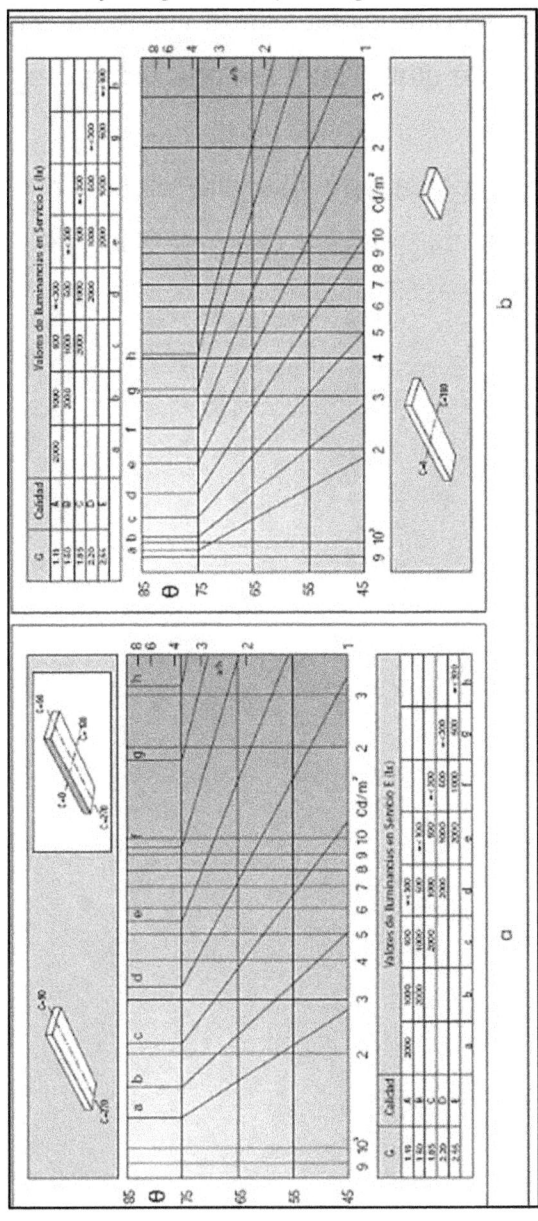

La figura a indica los diagramas de deslumbramiento para aquellas direcciones de la visión paralelas al eje longitudinal de cualquier luminaria alongada.

La figura b indica aquellas direcciones de visión en ángulos rectos al eje longitudinal de cualquier luminaria.

# Tablas, planos y gráficos

| Tipo de Actividad | Categoría de Iluminación | Iluminación Nominal lx |
|---|---|---|
| Espacios públicos con alrededores oscuros. | A | 20 – 30 – 50 |
| Simple orientación para visitas cortas temporales. | B | 50 – 75 – 100 |
| Recintos de trabajo donde las tareas visuales sólo ocasionalmente. | C | 100 – 150 – 200 |
| Realización de tareas visuales de gran contraste o gran tamaño. | D | 200 – 300 – 500 |
| Realización de tareas visuales de contraste medio o pequeño tamaño. | E | 500 – 750 – 1000 |
| Realización de tareas visuales de bajo contraste muy pequeño tamaño. | F | 1000 – 1500 – 2000 |
| Realización de tareas visuales de bajo contraste o muy pequeño tamaño a través de un prolongado periodo. | G | 2000 – 3000 – 5000 |
| Realización de tareas visuales muy prolongadas y exactas. | H | 5000 – 7500 - 10000 |

Categorías y valores de iluminación para tipos genéricos de actividades en interiores

| Tipo de recinto o actividad | Categoría de iluminación | Color de luz | Grado de reproducción del color | Observaciones |
|---|---|---|---|---|
| **VARIOS** | | | | |
| - Zonas de circulación en almacenes temporales | B | | 3 | |
| - Almacenes: | | | | |
|   Almacenes para productos similares o de gran tamaño. | B | | 3 | Se permite el uso de lámparas de vapor de sodio de alta presión. |
|   Almacenes para productos diferentes, donde esté involucrada la identificación de dichos productos | C | | 3 | |
|   Almacenes en los que se necesite leer. | D | | 3 | |
| - Tiendas con almacenamiento automático | | | | |
|   Pasillos | A | | 3 | |
|   Estación de operación | D | | 2 | |
| - Embalaje despacho | D | cc, bn | 3 | |
| - Recintos para descanso, instalaciones sanitarias y recintos de asistencia médica. | | | | |
|   Cantinas o tabernas | C | | 2 | Alumbrado de realce ambiental con lámparas incandescentes. |
|   Otros recintos para descanso y reposo. | B | | 2 | |
|   Recintos para ejercicios de rehabilitación | D | | 2 | |
|   Vestuarios | B | | 2 | |
|   Recintos para lavar ropa | C | | 2 | |
|   Baños | B | | 2 | Alumbrado extra opcional para espejos. |
|   Recintos para primeros auxilios. | D | | 1 | |
| - Instalaciones de servicio en edificaciones. | | | | |
|   Cuarto de máquinas | C | | 3 | |
|   Suministro y distribución de energía. | C | | 3 | |
|   Recinto para telex y correos | D | | 2 | |
|   Recinto para control telefónico. | D | | 2 | |

Bc: Blanco cálido (o cálido);
Bn: Blanco neutro (o intermedio);
Bd: Blanco luz del día (o frío).

**Valores de iluminación nominal recomendable para Interiores en general**

**Manual de Luminotecnia**  *Ing. Miguel D'Addario*

| Color | Refl. % | Material | Refl. % |
|---|---|---|---|
| Blanco | 70-75 | Revoque claro | 35-55 |
| Crema claro | 70-80 | Revoque oscuro | 20-30 |
| Amarillo claro | 50-70 | Hormigón claro | 30-50 |
| Verde claro | 45-70 | Hormigón oscuro | 15-25 |
| Gris claro | 45-70 | Ladrillo claro | 30-40 |
| Celeste claro | 50-70 | Ladrillo oscuro | 15-25 |
| Rosa claro | 45-70 | Marmol blanco | 60-70 |
| Marrón claro | 30-50 | Granito | 15-25 |
| Negro | 4-6 | Madera clara | 30-50 |
| Gris oscuro | 10-20 | Madera oscura | 10-25 |
| Amarillo oscuro | 40-50 | Vidrio plateado | 80-90 |
| Verde oscuro | 10-20 | Aluminio mate | 55-60 |
| Azul oscuro | 10-20 | Aluminio pulido | 80-90 |
| Rojo oscuro | 10-20 | Acero pulido | 55-65 |

Poder reflectante de algunos colores y materiales

| | Incand. Estándar | Incand. Halóg. | Fluoresc. Estándar | Fluoresc. Compacta | Mercurio alta presión | Haluros metálicos | Sodio alta presión | Sodio baja presión | Luz Mixta |
|---|---|---|---|---|---|---|---|---|---|
| Alumbrado oficinas | | | ■ | ■ | | ■ | | | |
| Alumbrado tiendas (gral) | ■ | | ■ | ■ | | ■ | | | |
| Alumbrado tiendas (expo) | ■ | ■ | | | | ■ | | | |
| Deportes (interiores) | | | ■ | | ■ | ■ | | | ■ |
| Industrial | | | ■ | ■ | ■ | ■ | ■ | | |
| Autopistas | | | | | | | ■ | ■ | |
| Calles | | | | | ■ | | ■ | ■ | |
| Zonas residenciales | | | | ■ | ■ | | ■ | | |
| Doméstico (seguridad) | ■ | | | ■ | | | | | |
| Industrial (seguridad) | ■ | | ■ | | ■ | | ■ | | ■ |
| Deportes (exteriores) | | ■ | | | ■ | ■ | ■ | | |
| Alumbrado de grandes áreas | | | | | | ■ | ■ | | ■ |
| Túneles | | | ■ | | | | ■ | ■ | |
| Alumbrado doméstico | ■ | ■ | ■ | ■ | | | | | |

Aplicaciones principales para cada tipo de lámpara

**Manual de Luminotecnia**  *Ing. Miguel D'Addario*

## Aplicaciones principales para cada tipo de lámpara

## Clasificación según la apertura del haz

| Clase (NEMA) | Apertura del haz (10% de Imax) | Descripción |
|---|---|---|
| 1 | 10° a 18° | Haz estrecho |
| 2 | 18° a 29° | |
| 3 | 29° a 46° | |
| 4 | 46° a 70° | Haz medio |
| 5 | 70° a 100° | |
| 6 | 100° a 130° | Haz ancho |
| 7 | > 130° | |

# Manual de Luminotecnia  *Ing. Miguel D'Addario*

## Clasificación del proyector según la distancia de proyección

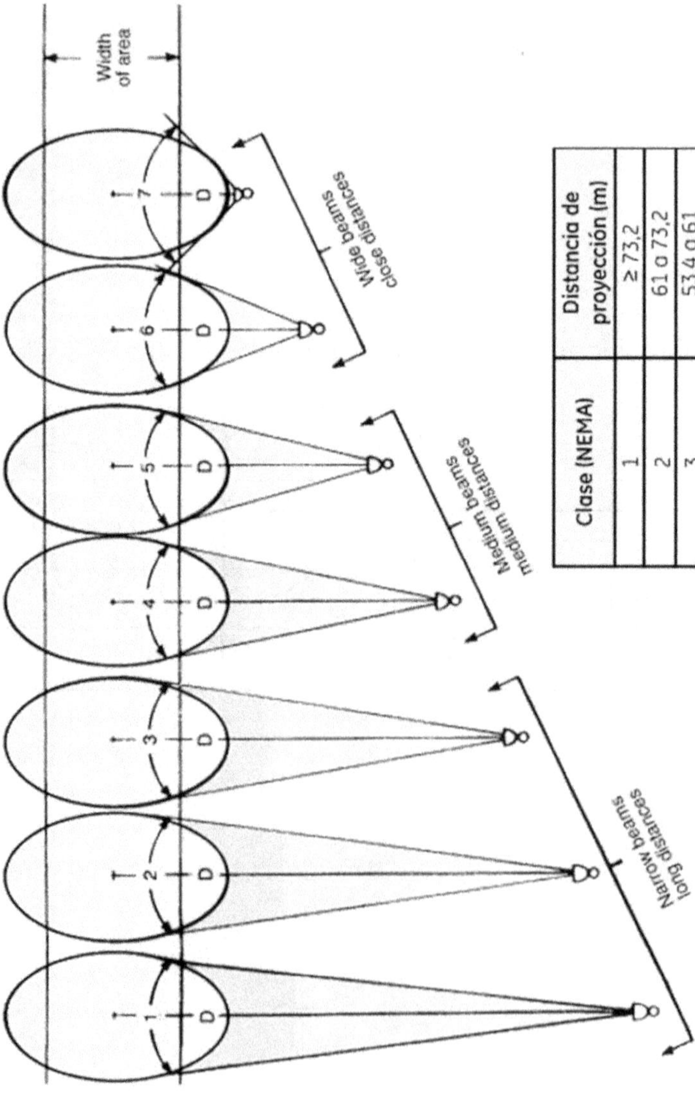

| Clase (NEMA) | Distancia de proyección (m) |
|---|---|
| 1 | ≥ 73,2 |
| 2 | 61 a 73,2 |
| 3 | 53,4 a 61 |
| 4 | 44,2 a 53,4 |
| 5 | 32 a 44,2 |
| 6 | 24,4 a 32 |
| 7 | ≤ 24,4 |

# Manual de Luminotecnia  Ing. Miguel D'Addario

Puntos de medición para campos de béisbol y fútbol

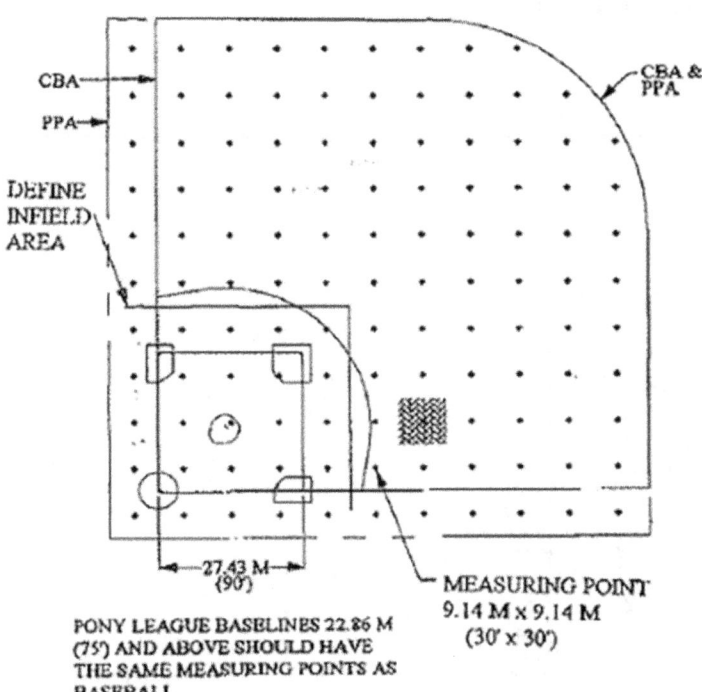

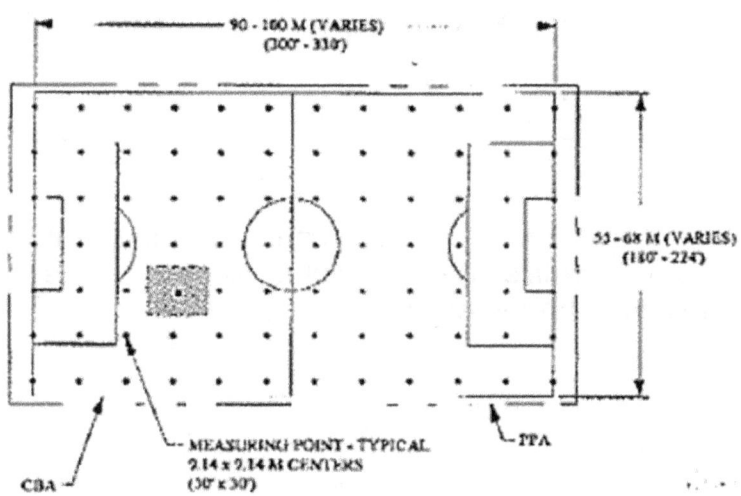

**Manual de Luminotecnia**  *Ing. Miguel D'Addario*

Colocación de postes debido al efecto de deslumbramiento

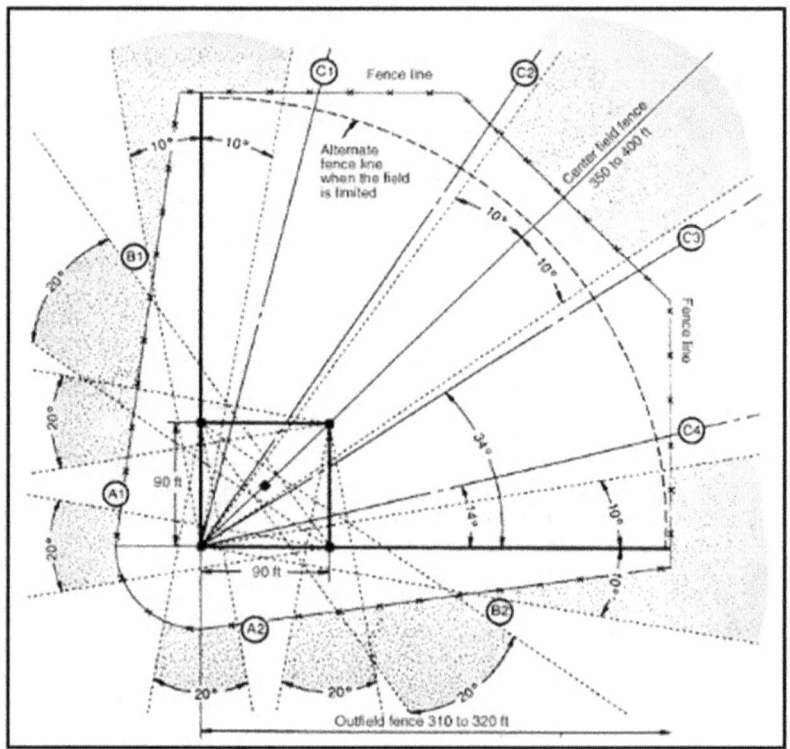

Para este campo de béisbol, cada área rellena indica una zona crítica de deslumbramiento, donde los postes no deberían estar colocados.

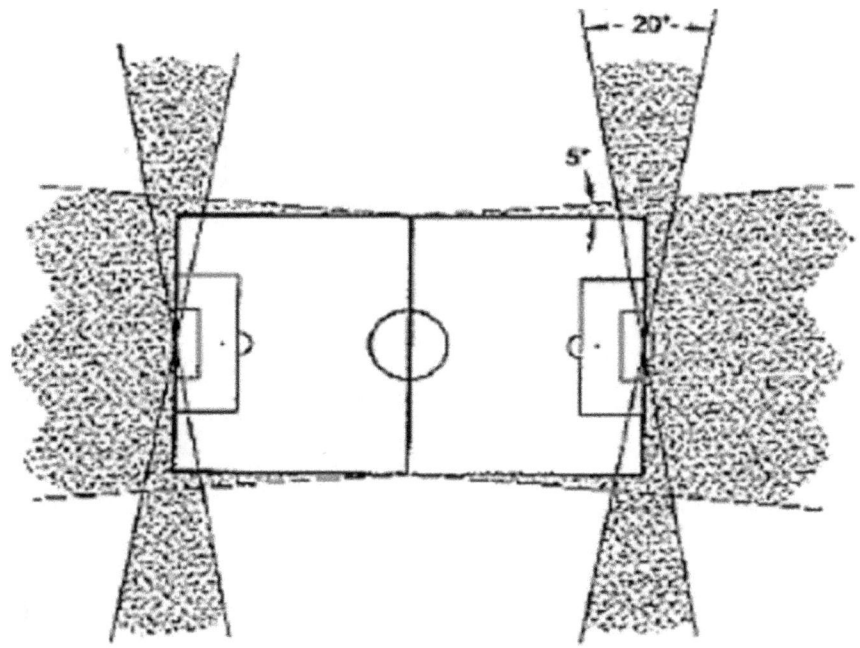

Para este campo de fútbol, cada área rellena indica una zona crítica de deslumbramiento, donde los postes no deberían estar colocados.

**Manual de Luminotecnia**  *Ing. Miguel D'Addario*

## Planos de los proyectos realizados

### Galpón

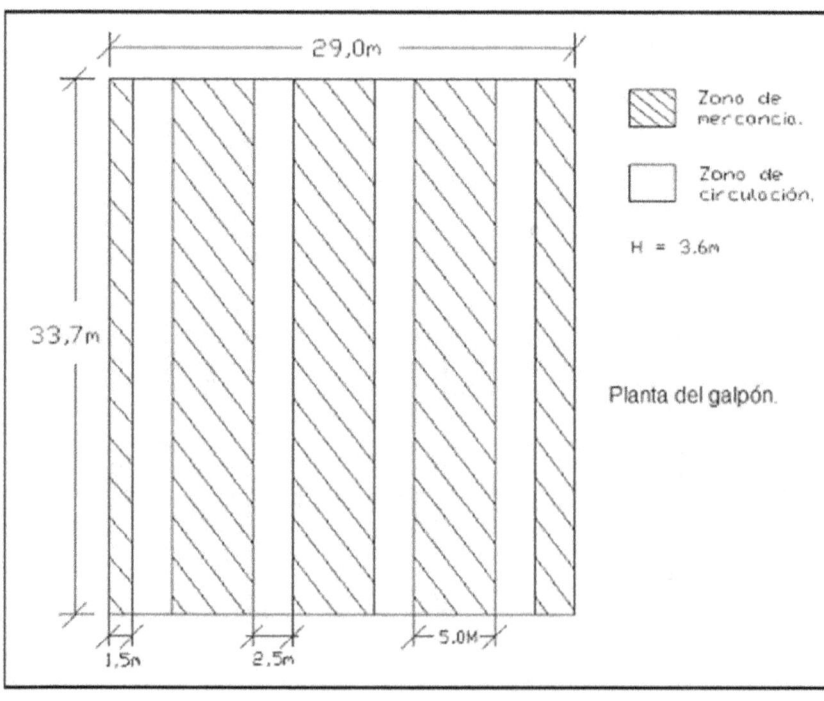

**Manual de Luminotecnia**  *Ing. Miguel D'Addario*

## Campos deportivos (medidas oficiales)

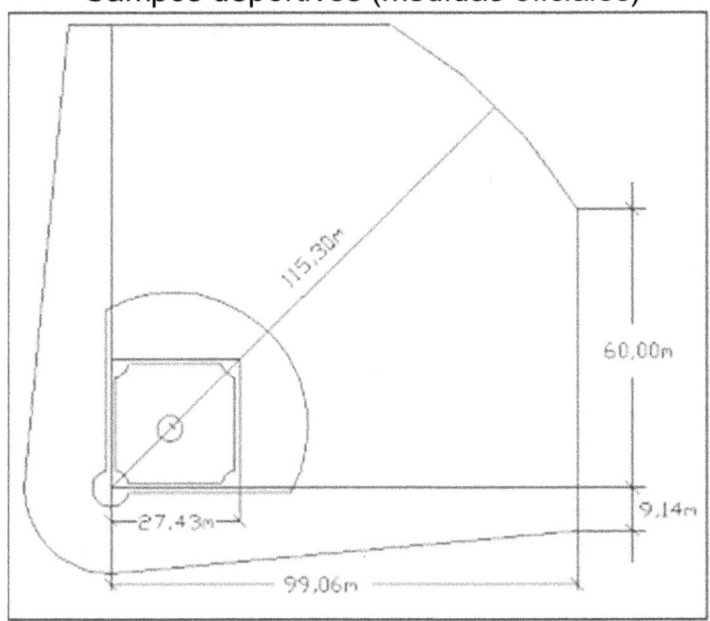

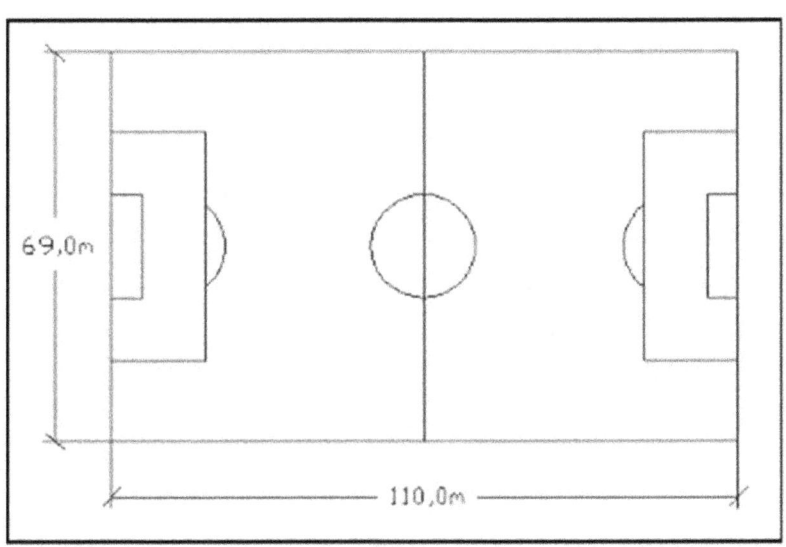

**Manual de Luminotecnia**  *Ing. Miguel D'Addario*

Identificación de las sub-áreas y los postes para cada aplicación

*Campo de fútbol:*

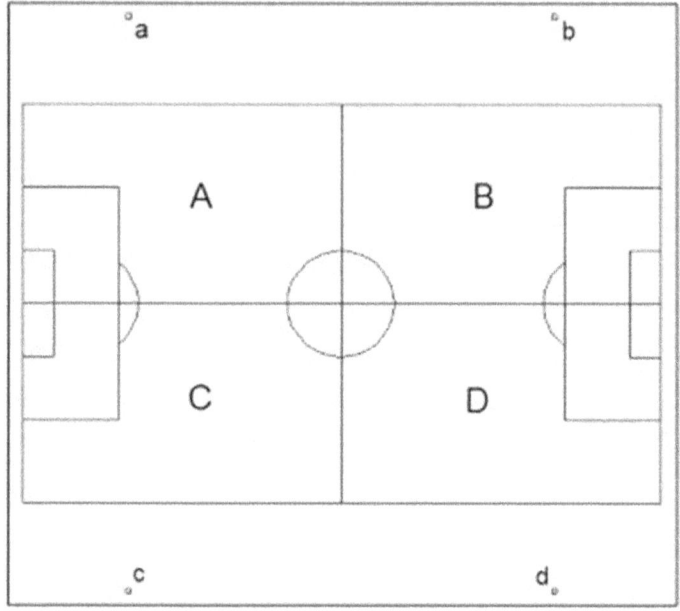

| POSTE | SETBACK (m) | ALTURA (m) |
|---|---|---|
| a | 15,24 | 21,34 |
| b | 15,24 | 21,34 |
| c | 15,24 | 21,34 |
| d | 15,24 | 21,34 |

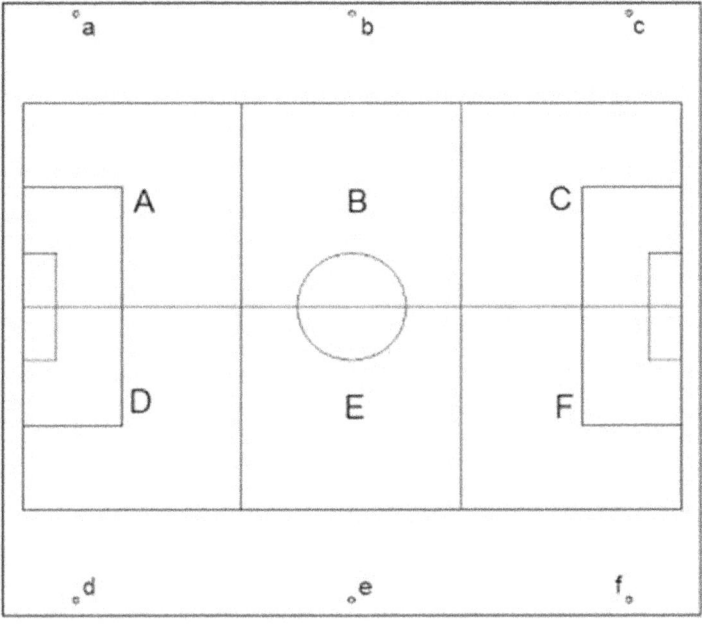

| POSTE | SETBACK (m) | ALTURA ( m) |
|---|---|---|
| a, d | 15,24 | 21,34 |
| b, e | 15,24 | 21,34 |
| c, f | 15,24 | 21,34 |

*Campo de béisbol*

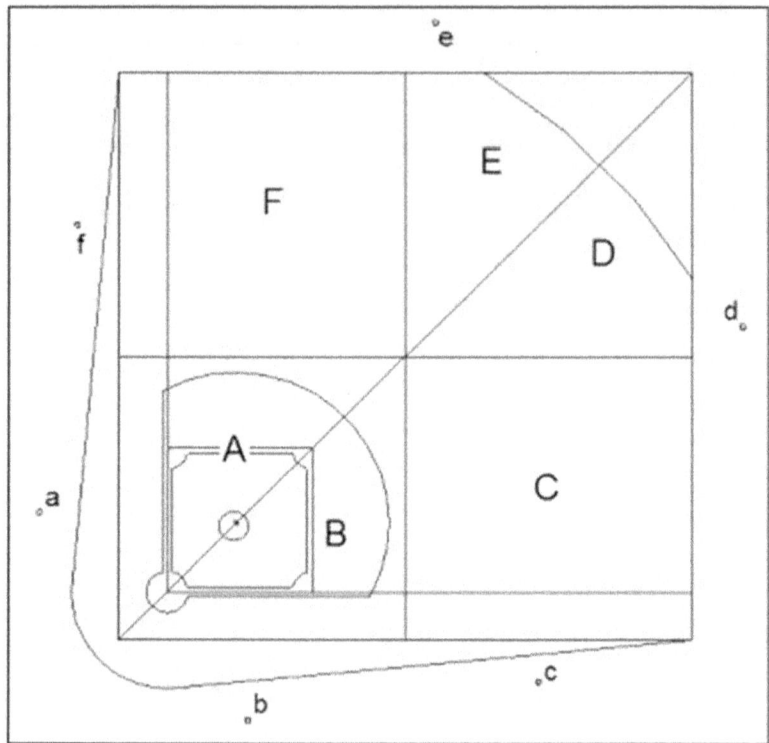

| POSTE | SETBACK (m) | ALTURA (m) |
|---|---|---|
| a, b | 15,25 | 21,34 |
| c, f | 7,80 | 21,34 |
| d, e | 9,70 | 21,34 |

# Manual de Luminotecnia  Ing. Miguel D'Addario

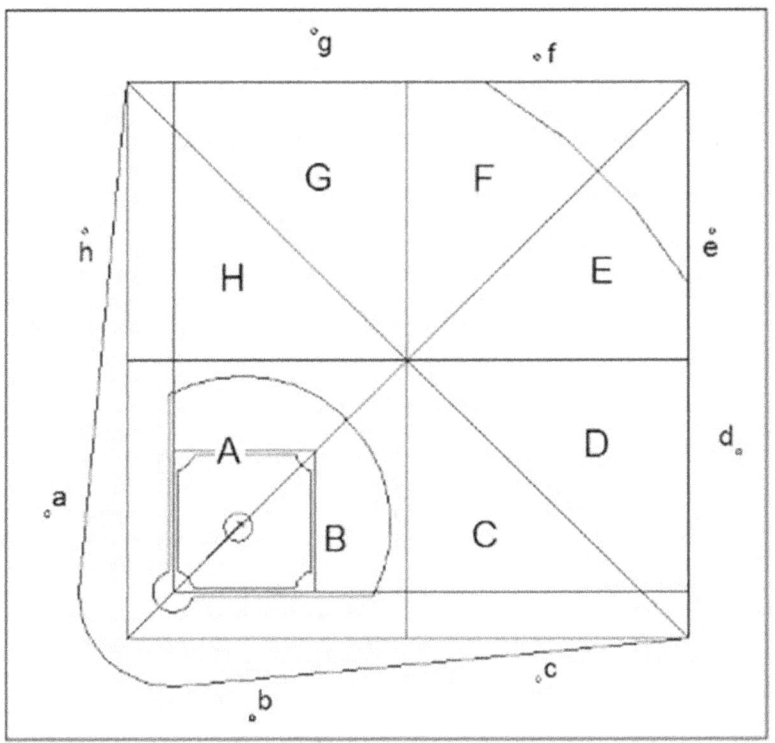

| POSTE | SETBACK (m) | ALTURA (m) |
|---|---|---|
| a, b | 15,25 | 21,34 |
| c, h | 7,80 | 21,34 |
| d, g | 9,60 | 21,34 |
| d, f | 9,60 | 21,34 |

**Manual de Luminotecnia**  *Ing. Miguel D'Addario*

## Distribución lumínica (lm) para POWR-SPOT (4X4)

| Grados | 0 | 2.5 | 5 | 8.1 | 11.9 | 15 | 18.1 | 21.9 | 25 | 28.1 | 31.9 | 35 | 38.1 | 41.9 | 46.9 | 55 | 65 | 75 | 83.8 | 90 | Total |
|---|---|---|---|---|---|---|---|---|---|---|---|---|---|---|---|---|---|---|---|---|---|
| 90 | 0 | 0 | 0 | 0 | 0 | 0 | 0 | 0 | 0 | 0 | 0 | 0 | 0 | 0 | 0 | 0 | 0 | 0 | 0 | 0 | 0 |
| 83.8 | 2 | 3 | 0 | 0 | 0 | 0 | 0 | 0 | 0 | 0 | 0 | 0 | 0 | 0 | 0 | 0 | 0 | 0 | 0 | 0 | 5 |
| 75 | 0 | 1 | 4 | 6 | 6 | 4 | 6 | 5 | 4 | 5 | 8 | 5 | 8 | 4 | 7 | 0 | 7 | 0 | 0 | 0 | 79 |
| 65 | 3 | 6 | 6 | 12 | 13 | 10 | 13 | 11 | 6 | 9 | 8 | 5 | 8 | 4 | 7 | 9 | 7 | 4 | 0 | 0 | 141 |
| 55 | 28 | 56 | 55 | 81 | 74 | 48 | 66 | 61 | 38 | 50 | 36 | 20 | 26 | 19 | 24 | 15 | 7 | 4 | 0 | 0 | 707 |
| 46.9 | 26 | 53 | 52 | 78 | 80 | 52 | 77 | 75 | 49 | 68 | 59 | 36 | 45 | 31 | 37 | 20 | 7 | 3 | 0 | 0 | 849 |
| 41.9 | 16 | 32 | 32 | 48 | 50 | 33 | 48 | 49 | 32 | 47 | 41 | 25 | 32 | 22 | 28 | 14 | 4 | 2 | 0 | 0 | 555 |
| 38.1 | 18 | 36 | 38 | 58 | 58 | 37 | 54 | 51 | 34 | 50 | 48 | 30 | 42 | 30 | 39 | 21 | 4 | 2 | 0 | 0 | 650 |
| 35 | 20 | 39 | 40 | 62 | 53 | 32 | 44 | 37 | 24 | 35 | 33 | 21 | 29 | 23 | 30 | 16 | 3 | 1 | 0 | 0 | 542 |
| 31.9 | 41 | 82 | 83 | 126 | 101 | 60 | 78 | 60 | 38 | 53 | 51 | 33 | 46 | 38 | 48 | 28 | 4 | 2 | 0 | 0 | 973 |
| 28.1 | 93 | 184 | 184 | 275 | 232 | 130 | 158 | 96 | 52 | 60 | 53 | 34 | 48 | 42 | 56 | 36 | 4 | 2 | 0 | 0 | 1738 |
| 25 | 76 | 151 | 152 | 227 | 195 | 113 | 143 | 90 | 46 | 50 | 37 | 23 | 32 | 30 | 40 | 26 | 3 | 1 | 0 | 0 | 1433 |
| 21.9 | 136 | 270 | 270 | 405 | 353 | 207 | 270 | 172 | 86 | 88 | 56 | 35 | 49 | 47 | 62 | 41 | 4 | 2 | 0 | 0 | 2554 |
| 18.1 | 167 | 334 | 331 | 492 | 442 | 267 | 359 | 249 | 129 | 141 | 63 | 39 | 52 | 48 | 67 | 46 | 4 | 2 | 0 | 0 | 3233 |
| 15 | 126 | 252 | 247 | 361 | 317 | 191 | 257 | 186 | 99 | 112 | 47 | 27 | 35 | 31 | 46 | 32 | 3 | 1 | 0 | 0 | 2369 |
| 11.9 | 210 | 422 | 409 | 591 | 507 | 307 | 413 | 309 | 167 | 195 | 77 | 43 | 52 | 47 | 70 | 49 | 4 | 2 | 0 | 0 | 3874 |
| 8.1 | 354 | 683 | 597 | 763 | 573 | 339 | 444 | 359 | 195 | 228 | 95 | 49 | 54 | 47 | 70 | 52 | 4 | 3 | 0 | 0 | 4910 |
| 5 | 324 | 608 | 502 | 593 | 399 | 236 | 309 | 252 | 136 | 157 | 67 | 34 | 36 | 31 | 48 | 36 | 3 | 2 | 0 | 0 | 3771 |
| 2.5 | 412 | 761 | 607 | 677 | 415 | 245 | 321 | 264 | 141 | 162 | 71 | 35 | 36 | 31 | 48 | 37 | 3 | 2 | 0 | 0 | 4268 |
| 0 | 434 | 797 | 630 | 695 | 419 | 248 | 326 | 269 | 143 | 164 | 71 | 35 | 36 | 32 | 48 | 38 | 3 | 2 | 1 | 0 | 4390 |
| -2.5 | 381 | 700 | 562 | 635 | 407 | 244 | 324 | 266 | 141 | 160 | 68 | 34 | 36 | 31 | 48 | 37 | 3 | 2 | 0 | 0 | 4079 |
| -5 | 289 | 537 | 447 | 535 | 386 | 233 | 312 | 255 | 136 | 153 | 61 | 32 | 36 | 31 | 48 | 36 | 3 | 2 | 0 | 0 | 3532 |
| -8.1 | 296 | 562 | 499 | 653 | 548 | 333 | 452 | 367 | 194 | 219 | 83 | 45 | 52 | 45 | 70 | 52 | 4 | 3 | 0 | 0 | 4477 |
| -11.9 | 166 | 335 | 337 | 506 | 470 | 293 | 409 | 294 | 157 | 178 | 68 | 39 | 49 | 44 | 66 | 49 | 4 | 2 | 0 | 0 | 3465 |
| -15 | 102 | 205 | 205 | 308 | 289 | 177 | 242 | 172 | 90 | 98 | 42 | 25 | 32 | 29 | 43 | 32 | 3 | 1 | 0 | 0 | 2096 |
| -18.1 | 139 | 279 | 280 | 419 | 398 | 239 | 318 | 222 | 112 | 118 | 58 | 35 | 46 | 44 | 62 | 44 | 4 | 2 | 0 | 0 | 2819 |
| -21.9 | 124 | 248 | 238 | 341 | 281 | 170 | 227 | 145 | 73 | 74 | 53 | 33 | 46 | 42 | 56 | 39 | 4 | 2 | 0 | 0 | 2197 |
| -25 | 66 | 132 | 129 | 188 | 156 | 91 | 117 | 76 | 40 | 44 | 35 | 22 | 31 | 27 | 36 | 24 | 3 | 1 | 0 | 0 | 1216 |
| -28.1 | 74 | 148 | 149 | 223 | 186 | 103 | 122 | 82 | 47 | 58 | 51 | 33 | 46 | 38 | 50 | 32 | 4 | 2 | 0 | 0 | 1448 |
| -31.9 | 34 | 68 | 64 | 91 | 83 | 51 | 69 | 60 | 38 | 55 | 51 | 32 | 45 | 34 | 43 | 24 | 4 | 2 | 0 | 0 | 848 |
| -35 | 17 | 34 | 34 | 49 | 47 | 30 | 43 | 39 | 25 | 37 | 33 | 20 | 28 | 20 | 27 | 14 | 3 | 1 | 0 | 0 | 500 |
| -38.1 | 17 | 35 | 36 | 56 | 58 | 39 | 60 | 56 | 37 | 55 | 48 | 29 | 38 | 28 | 36 | 18 | 4 | 2 | 0 | 0 | 653 |
| -41.9 | 17 | 34 | 34 | 53 | 58 | 38 | 57 | 56 | 36 | 50 | 41 | 24 | 31 | 22 | 27 | 12 | 4 | 2 | 0 | 0 | 596 |
| -46.9 | 28 | 57 | 59 | 90 | 94 | 63 | 91 | 84 | 54 | 72 | 58 | 34 | 43 | 30 | 37 | 15 | 7 | 3 | 1 | 0 | 919 |
| -55 | 31 | 61 | 59 | 88 | 87 | 58 | 79 | 68 | 41 | 53 | 38 | 20 | 26 | 19 | 24 | 15 | 11 | 4 | 0 | 0 | 783 |
| -65 | 5 | 12 | 14 | 21 | 21 | 14 | 17 | 13 | 6 | 9 | 8 | 5 | 8 | 4 | 7 | 9 | 7 | 4 | 0 | 0 | 182 |
| -75 | 0 | 4 | 6 | 8 | 2 | 0 | 2 | 4 | 4 | 5 | 5 | 3 | 5 | 4 | 7 | 9 | 7 | 4 | 0 | 0 | 77 |
| -83.8 | 0 | 0 | 0 | 0 | 0 | 0 | 0 | 0 | 0 | 1 | 2 | 2 | 2 | 1 | 0 | 0 | 0 | 0 | 0 | 0 | 10 |
| -90 | 0 | 0 | 0 | 0 | 0 | 0 | 0 | 0 | 0 | 0 | 0 | 0 | 0 | 0 | 0 | 0 | 0 | 0 | 0 | 0 | 0 |

**Manual de Luminotecnia**  *Ing. Miguel D'Addario*

## Distribución lumínica (lm)
## para ULTRA-SPORT (SO2 4X2)

| Grados | 0 | 3.1 | 7.5 | 12.5 | 17.5 | 22.5 | 27.5 | 32.5 | 37.5 | 41.9 | 46.9 | 55 | 65 | 75 | 83.8 | 90 | Total |
|---|---|---|---|---|---|---|---|---|---|---|---|---|---|---|---|---|---|
| 90 | 0 | 0 | 0 | 0 | 0 | 0 | 0 | 0 | 0 | 0 | 0 | 0 | 0 | 0 | 0 | 0 | 0 |
| 83.8 | 0 | 0 | 0 | 0 | 0 | 0 | 0 | 0 | 0 | 0 | 0 | 0 | 0 | 0 | 0 | 0 | 0 |
| 75 | 0 | 0 | 0 | 0 | 0 | 0 | 0 | 0 | 0 | 0 | 0 | 0 | 0 | 0 | 0 | 0 | 0 |
| 65 | 0 | 0 | 0 | 0 | 0 | 0 | 0 | 0 | 0 | 0 | 0 | 0 | 0 | 0 | 0 | 0 | 0 |
| 55 | 0 | 0 | 0 | 0 | 0 | 0 | 0 | 0 | 0 | 0 | 0 | 0 | 0 | 0 | 0 | 0 | 0 |
| 45 | 0 | 0 | 0 | 0 | 0 | 0 | 0 | 0 | 0 | 0 | 0 | 0 | 0 | 0 | 0 | 0 | 0 |
| 35 | 5 | 14 | 18 | 18 | 17 | 17 | 11 | 5 | 0 | 0 | 0 | 0 | 0 | 0 | 0 | 0 | 104 |
| 25.5 | 17 | 51 | 65 | 54 | 50 | 48 | 39 | 21 | 9 | 3 | 0 | 0 | 0 | 0 | 0 | 0 | 356 |
| 18.5 | 31 | 100 | 133 | 150 | 137 | 115 | 101 | 81 | 60 | 26 | 13 | 0 | 0 | 0 | 0 | 0 | 948 |
| 15 | 26 | 78 | 106 | 105 | 91 | 78 | 61 | 52 | 40 | 15 | 7 | 0 | 0 | 0 | 0 | 0 | 657 |
| 13 | 53 | 157 | 197 | 180 | 157 | 131 | 102 | 78 | 64 | 28 | 17 | 1 | 0 | 0 | 0 | 0 | 1162 |
| 11 | 92 | 275 | 338 | 288 | 245 | 205 | 166 | 133 | 100 | 40 | 27 | 1 | 0 | 0 | 0 | 0 | 1909 |
| 9 | 157 | 456 | 524 | 422 | 347 | 283 | 224 | 174 | 128 | 51 | 36 | 3 | 0 | 0 | 0 | 0 | 2804 |
| 7 | 248 | 716 | 763 | 568 | 441 | 353 | 278 | 219 | 158 | 62 | 46 | 3 | 0 | 0 | 0 | 0 | 3856 |
| 5 | 407 | 1172 | 1115 | 755 | 562 | 431 | 333 | 258 | 185 | 73 | 56 | 4 | 0 | 0 | 0 | 0 | 5350 |
| 3 | 610 | 1745 | 1460 | 919 | 660 | 491 | 380 | 294 | 209 | 77 | 62 | 4 | 0 | 0 | 0 | 0 | 6912 |
| 1.3 | 682 | 1915 | 1408 | 818 | 569 | 416 | 316 | 242 | 173 | 59 | 52 | 3 | 0 | 0 | 0 | 0 | 6652 |
| 0 | 467 | 1281 | 1026 | 577 | 392 | 288 | 219 | 165 | 117 | 37 | 36 | 2 | 0 | 0 | 0 | 0 | 4607 |
| -1.3 | 717 | 1941 | 1545 | 871 | 589 | 432 | 326 | 244 | 166 | 53 | 54 | 3 | 0 | 0 | 0 | 0 | 6941 |
| -3 | 779 | 2232 | 1805 | 1087 | 741 | 544 | 414 | 297 | 194 | 70 | 74 | 4 | 0 | 0 | 0 | 0 | 8241 |
| -5 | 529 | 1522 | 1438 | 930 | 653 | 488 | 363 | 249 | 173 | 70 | 75 | 4 | 0 | 0 | 0 | 0 | 6493 |
| -7 | 331 | 943 | 971 | 706 | 511 | 389 | 285 | 210 | 158 | 70 | 74 | 4 | 0 | 0 | 0 | 0 | 4651 |
| -9 | 178 | 510 | 569 | 474 | 368 | 286 | 227 | 184 | 146 | 68 | 72 | 4 | 0 | 0 | 0 | 0 | 3088 |
| -11 | 87 | 264 | 338 | 306 | 256 | 223 | 193 | 168 | 140 | 68 | 71 | 4 | 0 | 0 | 0 | 0 | 2118 |
| -13 | 58 | 175 | 231 | 221 | 204 | 191 | 180 | 161 | 137 | 66 | 70 | 4 | 0 | 0 | 0 | 0 | 1698 |
| -15 | 54 | 155 | 205 | 190 | 182 | 177 | 170 | 155 | 130 | 64 | 69 | 4 | 0 | 0 | 0 | 0 | 1554 |
| -18.5 | 129 | 380 | 474 | 439 | 420 | 407 | 390 | 354 | 296 | 145 | 155 | 10 | 0 | 0 | 0 | 0 | 3598 |
| -25.5 | 147 | 439 | 576 | 559 | 525 | 476 | 428 | 377 | 294 | 139 | 162 | 19 | 0 | 0 | 0 | 0 | 4141 |
| -35 | 148 | 445 | 580 | 550 | 500 | 433 | 346 | 252 | 159 | 60 | 49 | 21 | 0 | 0 | 0 | 0 | 3543 |
| -45 | 115 | 328 | 380 | 297 | 209 | 115 | 59 | 41 | 27 | 14 | 16 | 0 | 0 | 0 | 0 | 0 | 1602 |
| -55 | 5 | 14 | 18 | 18 | 17 | 17 | 11 | 5 | 0 | 0 | 0 | 0 | 0 | 0 | 0 | 0 | 104 |
| -65 | 0 | 0 | 0 | 0 | 0 | 0 | 0 | 0 | 0 | 0 | 0 | 0 | 0 | 0 | 0 | 0 | 0 |
| -75 | 0 | 0 | 0 | 0 | 0 | 0 | 0 | 0 | 0 | 0 | 0 | 0 | 0 | 0 | 0 | 0 | 0 |
| -83.8 | 0 | 0 | 0 | 0 | 0 | 0 | 0 | 0 | 0 | 0 | 0 | 0 | 0 | 0 | 0 | 0 | 0 |
| -90 | 0 | 0 | 0 | 0 | 0 | 0 | 0 | 0 | 0 | 0 | 0 | 0 | 0 | 0 | 0 | 0 | 0 |

**Manual de Luminotecnia**  *Ing. Miguel D'Addario*

## Tabla y gráfica de valores de los coeficientes de utilización del haz preliminares (CBU*)

*Para la luminaria POWR-SPOT (4X4):*
Valores de los coeficientes preliminares para la POWR-SPOT (4X4)

| Grados | Σ Horizontal (lm) | Ambos lados (lm) | Σ Vertical (lm) | CBU preliminar |
|---|---|---|---|---|
| 90.00 | 0.00 | 0.00 | 74082.00 | 0.44 |
| 83.80 | 5.00 | 10.00 | 74082.00 | 0.44 |
| 75.00 | 79.00 | 158.00 | 74072.00 | 0.44 |
| 65.00 | 141.00 | 282.00 | 73914.00 | 0.43 |
| 55.00 | 707.00 | 1414.00 | 73632.00 | 0.43 |
| 46.90 | 849.00 | 1698.00 | 72218.00 | 0.42 |
| 41.90 | 555.00 | 1110.00 | 70520.00 | 0.41 |
| 38.10 | 650.00 | 1300.00 | 69410.00 | 0.41 |
| 35.00 | 542.00 | 1084.00 | 68110.00 | 0.40 |
| 31.90 | 973.00 | 1946.00 | 67026.00 | 0.39 |
| 28.10 | 1738.00 | 3476.00 | 65080.00 | 0.38 |
| 25.00 | 1433.00 | 2866.00 | 61604.00 | 0.36 |
| 21.90 | 2554.00 | 5108.00 | 58738.00 | 0.35 |
| 18.10 | 3233.00 | 6466.00 | 53630.00 | 0.32 |
| 15.00 | 2369.00 | 4738.00 | 47164.00 | 0.28 |
| 11.90 | 3874.00 | 7748.00 | 42426.00 | 0.25 |
| 8.10 | 4910.00 | 9820.00 | 34678.00 | 0.20 |
| 5.00 | 3771.00 | 7542.00 | 24858.00 | 0.15 |
| 2.50 | 4268.00 | 8536.00 | 17316.00 | 0.10 |
| 0.00 | 4390.00 | 8780.00 | 8780.00 | 0.05 |
| -2.50 | 4079.00 | 8158.00 | 16938.00 | 0.10 |
| -5.00 | 3532.00 | 7064.00 | 24002.00 | 0.14 |
| -8.10 | 4477.00 | 8954.00 | 32956.00 | 0.19 |
| -11.90 | 3465.00 | 6930.00 | 39886.00 | 0.23 |
| -15.00 | 2096.00 | 4192.00 | 44078.00 | 0.26 |
| -18.10 | 2819.00 | 5638.00 | 49716.00 | 0.29 |
| -21.90 | 2197.00 | 4394.00 | 54110.00 | 0.32 |
| -25.00 | 1216.00 | 2432.00 | 56542.00 | 0.33 |
| -28.10 | 1448.00 | 2896.00 | 59438.00 | 0.35 |
| -31.90 | 848.00 | 1696.00 | 61134.00 | 0.36 |
| -35.00 | 500.00 | 1000.00 | 62134.00 | 0.37 |
| -38.10 | 653.00 | 1306.00 | 63440.00 | 0.37 |
| -41.90 | 596.00 | 1192.00 | 64632.00 | 0.38 |
| -46.90 | 919.00 | 1838.00 | 66470.00 | 0.39 |
| -55.00 | 783.00 | 1566.00 | 68036.00 | 0.40 |
| -65.00 | 182.00 | 364.00 | 68400.00 | 0.40 |
| -75.00 | 77.00 | 154.00 | 68554.00 | 0.40 |
| -83.80 | 10.00 | 20.00 | 68574.00 | 0.40 |
| -90.00 | 0.00 | 0.00 | 68574.00 | 0.40 |

**Manual de Luminotecnia**  *Ing. Miguel D'Addario*

A partir de la tabla anterior, se grafica los valores de CBU utilización, para determinar el coeficiente de siendo éste la suma de ambos CBU por encima y por debajo del haz central (0°).

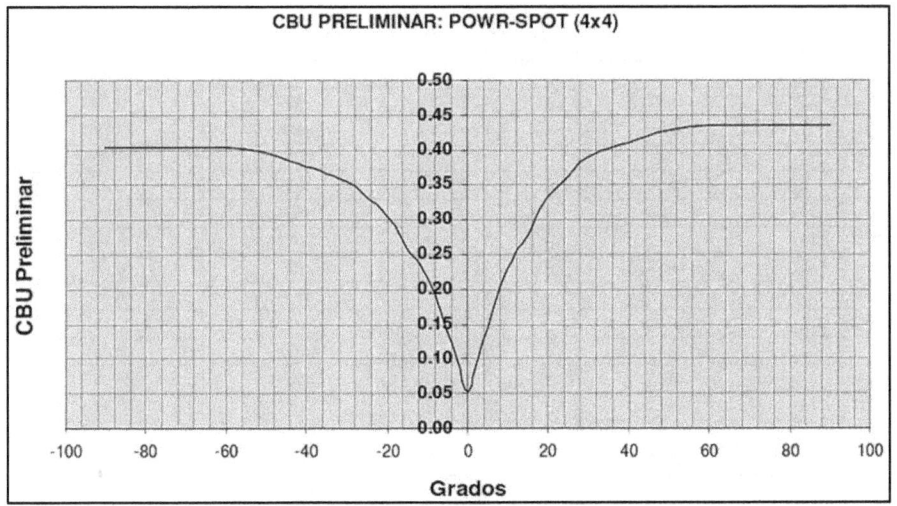

Grafica de los coeficientes de utilización preliminares por el eje vertical, para la POWR-SPOT (4X4)

**Manual de Luminotecnia**  *Ing. Miguel D'Addario*

*-Para la luminaria ULTRA-SPORT (SO2 4X2):*

Valores de los coeficientes preliminares para la ULTRA-SPORT (SO2 4X2).

| Grados | Σ horizontal (lm) | Ambos lados (lm) | Σ vertical (lm) | CBU preliminar |
|---|---|---|---|---|
| 90 | 0 | 0 | 70634 | 0.35 |
| 83.8 | 0 | 0 | 70634 | 0.35 |
| 75 | 0 | 0 | 70634 | 0.35 |
| 65 | 0 | 0 | 70634 | 0.35 |
| 55 | 0 | 0 | 70634 | 0.35 |
| 45 | 0 | 0 | 70634 | 0.35 |
| 35 | 104 | 208 | 70634 | 0.35 |
| 25.5 | 356 | 712 | 70426 | 0.35 |
| 18.5 | 948 | 1896 | 69714 | 0.35 |
| 15 | 657 | 1314 | 67818 | 0.34 |
| 13 | 1162 | 2324 | 66504 | 0.33 |
| 11 | 1909 | 3818 | 64180 | 0.32 |
| 9 | 2804 | 5608 | 60362 | 0.30 |
| 7 | 3856 | 7712 | 54754 | 0.27 |
| 5 | 5350 | 10700 | 47042 | 0.24 |
| 3 | 6912 | 13824 | 36342 | 0.18 |
| 1.3 | 6652 | 13304 | 22518 | 0.11 |
| 0 | 4607 | 9214 | 9214 | 0.05 |
| -1.3 | 6941 | 13882 | 23096 | 0.12 |
| -3 | 8241 | 16482 | 39578 | 0.20 |
| -5 | 6493 | 12986 | 52564 | 0.26 |
| -7 | 4651 | 9302 | 61866 | 0.31 |
| -9 | 3088 | 6176 | 68042 | 0.34 |
| -11 | 2118 | 4236 | 72278 | 0.36 |
| -13 | 1698 | 3396 | 75674 | 0.38 |
| -15 | 1554 | 3108 | 78782 | 0.39 |
| -18 | 3598 | 7196 | 85978 | 0.43 |
| -25.5 | 4141 | 8282 | 94260 | 0.47 |
| -35 | 3543 | 7086 | 101346 | 0.51 |
| -45 | 1602 | 3204 | 104550 | 0.52 |
| -55 | 104 | 208 | 104758 | 0.52 |
| -65 | 0 | 0 | 104758 | 0.52 |
| -75 | 0 | 0 | 104758 | 0.52 |
| -83.8 | 0 | 0 | 104758 | 0.52 |
| -90 | 0 | 0 | 104758 | 0.52 |

A partir de la tabla anterior, se grafica los valores de CBU para determinar el coeficiente de utilización, siendo éste la suma de ambos CBU, por encima y por debajo del haz central (0°).

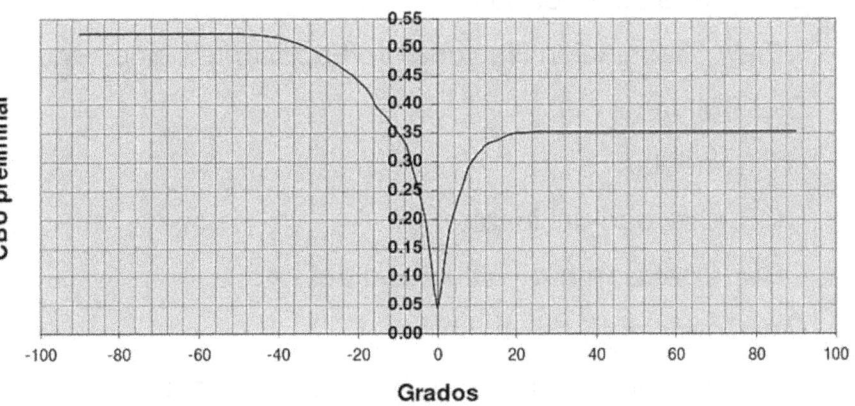

Grafica de los coeficientes de utilización preliminares por el eje vertical, para la ULTRA-SPORT (SO2 4X2)

## Símbolos y abreviaturas

*hcl:* Altura de montaje

*hct:* Altura de suspensión de las luminarias

*hcp:* Altura del plano de trabajo

ω: *Ángulo* sólido

*BA:* Área de frontera

*PPA:* Área principal de juego

*SPA:* Área secundaria de juego

*NEMA:* Asociación Nacional de Fabricantes eléctricos

*Bs.:* Bolívares

*cd:* Candelas

*RCR:* Cavidad del local

*CBU:* Coeficiente de utilización del haz

*CV:* Coeficiente de variación

*IEC:* Comisión Internacional de Electrotecnia

*CIE:* Comisión Internacional de Iluminación

*SC:* Constante de espaciamiento máximo

*FDS:* Depreciación de la luminaria

*FDF:* Depreciación del flujo de la lámpara

*FDR:* Depreciación por suciedad sobre las superficies del local

*dp:* Distancia de proyección

*sr: Estereorradianes*

*AAF:* Factor de ajustamiento

*FF:* Factor de campo

*Fm:* Factor de mantenimiento

*Fu:* Factor de utilización

$\phi_L$: Flujo luminoso

*GE:* General Electric

*°C:* Grados centígrados

*°K:* Grados kelvin

*E:* Iluminancia

*K:* Índice de cavidad

*IRC:* Índice del rendimiento del color

*I:* Intensidad luminosa

*KW:* Kilovatios ($10^3$ vatios)

*HID:* Lámpara de descarga de alta intensidad

*CFL:* Lámpara fluorescente compacta

*l:* Longitud del área

*lm:* Lúmenes

*lux:* Luxes

*m:* Metros

*nm:* Nanómetros ($10^{-9}$ metros)

*n:* Número de lámparas por luminaria

*N:* Número de luminarias

*IP:* Protección Internacional

*P $_{luminaria}$: Potencia* de la luminaria

$\mathcal{E}$: Rendimiento luminoso de la lámpara

$\eta$: Rendimiento luminoso de la luminaria

*sb:* Setback

*IESNA:* Sociedad de Ingeniería de Iluminación de Norte América

*Tc:* Temperatura de color

*UV: Ultravioleta*

*UPD:* Unidad de Densidad de Potencia

$U_e$: Uniformidad extrema

$U_m$: Uniformidad general

*W:* Vatios

## Bibliografía

-Atkins, Peter; de Paula, Julio. Quantum theory: introduction and principles.

-Physical Chemistry. New York: Oxford University Press.

-Skoog, Douglas A.; Holler, F. James; Nieman, Timothy A. Introducción a los métodos espectrométricos. Principios de Análisis instrumental.

-Tipler, Paul Allen (1994). Física.

-Burke, John Robert (1999). Física: la naturaleza de las cosas. México DF.

-International Thomson Westinghouse. Manual de Alumbrado.

-INDAL, S.L. Manual de Luminotecnia. INDALUX, Madrid.

-Manual de electrotecnia. Miguel D'Addario. 2013

-Illuminating Engineering Society of North America. The IESNA Lighting Handbook.

-Holophane. Principios de iluminación. Holophane S.A de C.V. Tultitlan.

-Lamp Products Catalog 2004. GE Lighting Systems Inc., EE.UU.

-Ereú, M. G. Alumbrado Público: Criterios, Diseños y Recomendaciones.

-Illuminating Engineering Society of North America. Recommended Practice for Sports and Recreational Area Lighting, IESNA RP-6.

-Lighting Systems, Product Selection Guide. GE Lighting Systems Inc., EE.UU.

-Norma de alumbrado de interiores y campos deportivos.

-Floodlighting concepts.
Sports Layouts. www.hubbell.com.

-General Electric. Disponible en: www.ge.com.
Luminotecnia: Iluminación de interiores y exteriores.

# Manual de Luminotecnia
Fundamentos, cálculos y aplicaciones

## Ingeniería eléctrica

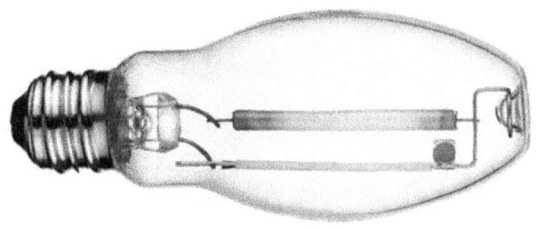

### Ing. Miguel D'Addario

**Manual de Luminotecnia**  *Ing. Miguel D'Addario*

Primera edición
2017
CE

**Manual de Luminotecnia**  *Ing. Miguel D'Addario*

www.ingramcontent.com/pod-product-compliance
Lightning Source LLC
Chambersburg PA
CBHW071415180526
45170CB00001B/110